Rafiq Ahmad Dar

Micotaxonomia molecular - Uma nova era na sistemática dos fungos

Rafiq Ahmad Dar

Micotaxonomia molecular - Uma nova era na sistemática dos fungos

ScienciaScripts

Imprint

Cover image: www.ingimage.com

This book is a translation from the original published under ISBN 978-620-2-06572-6.

Publisher:
Sciencia Scripts
is a trademark of
Dodo Books Indian Ocean Ltd. and OmniScriptum S.R.L publishing group

120 High Road, East Finchley, London, N2 9ED, United Kingdom
Str. Armeneasca 28/1, office 1, Chisinau MD-2012, Republic of Moldova, Europe
Printed at: see last page
ISBN: 978-620-7-86735-6

Conteúdo

Prefácio

A distribuição dos fungos pelos vários nichos ecológicos da biosfera parece ser infinita. As estimativas apontam para um total de 1,5 milhões de espécies de fungos; apenas menos de metade foi ainda meramente descrita. Este facto implica uma procura de atraso, que vem acompanhada de uma importância crescente de novas técnicas para uma deteção e identificação rápidas e inequívocas de fungos, a fim de explorar a diversidade fúngica como um todo coerente. As técnicas moleculares, em particular a tecnologia da reação em cadeia da polimerase, revolucionaram a biologia molecular e o diagnóstico molecular dos fungos. A incorporação de técnicas moleculares no que tem sido tradicionalmente considerado como taxonomia de fungos baseada na morfologia ajuda-nos na diferenciação de espécies e variedades de fungos. Estão a ser criadas bases de dados de genomas e marcadores genéticos utilizados como fontes de códigos de barras moleculares e o mundo dos fungos está em vias de ser desvendado com a ajuda de ferramentas de bioinformática. Os projectos de genomas fornecem provas da existência de elementos de inserção antigos, restos provirais ou profágicos e muitas outras manchas de composição invulgar. Consequentemente, torna-se cada vez mais importante identificar genes que caracterizam organismos fúngicos a diferentes níveis taxonómicos, sem necessidade de cultivo prévio. Infelizmente, a iniciativa de um uso excessivo de códigos de barras moleculares tem sido dificultada pela falta de suficientes e novos

Caracteres sinapomórficos de nucleótidos e sequências de assinatura. Além disso, a elevada variabilidade intra-específica dos caracteres moleculares convencionais dificulta a identificação dos limites das espécies.

No entanto, as sequências de ADN e outros marcadores genéticos fornecem grandes quantidades de dados que são independentes da cultura e não dependem de inconsistências fisiológicas. Os marcadores genéticos reflectem constantemente o tesouro de identificação escondido na informação genética e permitem controlar o grau de resolução através da escolha dos genes apropriados. Neste livro, destacamos os avanços da última década, tanto na metodologia como na compreensão da organização genómica, e abordamos problemas de identificação e diferenciação de fungos utilizando marcadores moleculares e comparando-os com os procedimentos clássicos tradicionalmente utilizados para a designação de espécies.

AGRADECIMENTOS

***Alhamdu Lillahi Rabbil Aalameen*; antes** de mais, obrigado e glória a Alá Todo-Poderoso, o Sustentador do Mundo, que sempre me deu a fé e a confiança, a força e a coragem, a esperança e a sabedoria para explorar os mistérios da Sua criação. É certo que, sem a Sua vontade, eu não teria sido capaz de dar um único passo em frente. Foi graças à Sua misericórdia e bênção que consegui terminar este projeto de investigação com sucesso.

A.N. Rai e ao **Dr. Gulab D. Khedkar**, diretor do Paul Hebert Centre for DNA Barcoding and Biodiversity Studies, ao **Dr. Dinesh Nalagde**, Dr. BAM University, Aurangabad, por terem disponibilizado as instalações laboratoriais para a realização dos estudos necessários.

Reconheço com gratidão o apoio financeiro **concedido** pela **University Grants Commission, patrocinado pela Central University Fellowship & Maulana Azad National Fellowship (UGC MANF), Nova Deli,** através da Dr. Harisingh Gour Central University, Sagar; é para mim um orgulho e uma sorte ser estudante desta Universidade.

Por último, tenho o prazer e o privilégio de dedicar este pequeno mas valioso trabalho aos meus queridos pais, cujas orações, encorajamento, apoio, paciência, amor e carinho me fizeram concluir este trabalho sem qualquer tipo de obstáculos e receios.

Obrigado...

Dr. RafiqAhmadDar

ACRÓNIMOS

AMP	Adenosine Monophosphate
BLAST	Basic Local Alignment Search Tool
CFU	Colony Forming Units
CMP, CDP, CTP	Cytidine 5'-Mono-, Di-, and Triphosphates
CTAB	Cetyl Trimethyl Ammonium Bromide
D1 & D2	Domain 1 & Domain 2
dNTP	Deoxy Nucleotide Triphosphate
EDTA	Ethylene Diamine Tetra Acetic Acid
ETS	External Transcribed Spacers
E-value	Expect value
Exo-SAP	Exo nuclease I - Shrimp Alkaline Phosphatase
GDP	Guanosine diphosphate
Hi-Di formamide	Highly Deionized Formamide
IGS	Inter Genic Spacer
ITS	Internal Transcribed Spacer
kb	Kilobyte
LSU	Large Subunit
M	Molar
MABL	Methodes et Algorithmes pour la Bio informatique Lirmm
NCBI	National Center for Biotechnology Information
OTU	Operational Taxonomic Units
PAGE	Polyacrylamide Gel Electrophoresis
PCR	Polymerase Chain Reaction
PDA	Potato Dextrose Agar
pH	Negative logarithm of hydrogen ion concentration
PHYML	PHYlogenetic inferences using Maximum Likelihood

RAPD	Random Amplified Polymorphic DNA
rDNA	Ribosomal Deoxyribonucleic acid
RFLP	Restriction Fragment Length Polymorphism
RNA	Ribonucleic Acid
rpm	Revolutions Per Minute
rRNA	Ribosomal Ribonucleic Acid
RT-PCR	Reverse Transcription Polymerase Chain Reaction
S	Svedberg sedimentation unit
SDS	Sodium Dodecyl Sulfate
SEM	Scanning Electronic Microscopy
SEQ	Sequence
SSU	Small Subunit
TEM	Transmission Electronic Microscopy
Tris	Tris (hydroxymethyl) aminomethane
UDP, UMP, UTP	Uridine 5'-Mono, Di-, and Triphosphates
UPMGMA	Unweighted Pair Group Method with Arithmetic Mean
UV	Ultraviolet

Introdução

Os fungos são os grandes recicladores do planeta e as espécies de vanguarda na recuperação de habitats,

Paul Stamets

Os fungos fazem parte da vida humana desde há milhares de anos. Têm sido utilizados como alimento, na preparação de bebidas alcoólicas e também como medicamentos. Uma nova era de investigação sobre os fungos começou efetivamente com a descoberta da penicilina por Fleming em 1928. O conhecimento sobre os fungos tem vindo a ser continuamente alargado com a necessidade de explorar novos organismos em busca de metabolitos bioactivos desconhecidos e comercialmente exploráveis.

O sistema de classificação dos fungos evoluiu lentamente quando cada vez mais fungos foram descritos e a hierarquia foi alargada para acomodar novos taxa. Os conceitos de classificação dos fungos têm-se alterado continuamente com as novas tendências aceites entre os taxonomistas. Estas alterações têm-se refletido sempre nas sucessivas edições do "Dictionary of the Fungi" até à sua última edição.

As tendências e o estilo de 200 anos de taxonomia micológica são paralelos aos de outros reinos. O impulso da morfomicotaxonomia foi completado pela microscopia e depois pela cultura *in vitro*. O sucesso da caraterização ultra-estrutural, enzimática e proteica foi seguido pela revolução dos ácidos nucleicos. O património do estudo taxonómico é de cerca de 80 000 espécies aceites, convencionalmente divididas em seis divisões principais (equivalentes aos filos) diferenciadas por diferentes modos de reprodução sexual, caracteres ultra-estruturais e bioquímicos, como os Myxomycetes (agora considerados Protistas), Oomycetes (agora no Reino Straminipila), e os verdadeiros fungos classificados em Chytrids, Zygomycetes, Ascomycetes e Basidiomycetes (McLaughlin, *et al*, 2001a; McLaughlin, *et al.*, 2001b). A sétima pseudo-divisão, os Deuteromycetes ou Fungi Imperfecti, referidos como bolores e agora frequentemente designados por fungos anamórficos, inclui os fungos que se reproduzem assexuadamente, alguns com fases sexuais conhecidas. Atualmente, são classificados filogeneticamente entre os Ascomicetes sexuais relacionados (e, em menor grau, entre os Basidiomicetes).

O progresso na descrição de espécies de fungos é registado anualmente no Index Fungorum, que é o resultado de inquéritos contínuos da literatura micológica mundial. De 1999 a 2009, foi descrita uma média de 1196 novas espécies de fungos por ano, tendo sido descritas 1030 espécies só em 2009 (Figura 1.1).

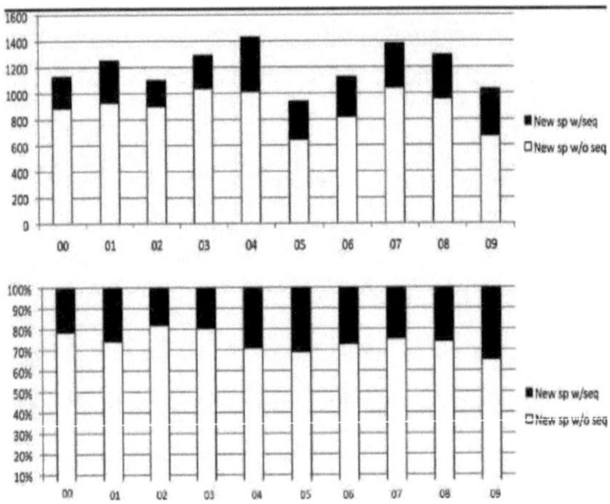

Figura 1.1: Taxa de descrição de novas espécies registadas no Index Fungorum, 2000-2009, incluindo aquelas com (preto) e sem (branco) sequências de qualquer locus agora presentes no GenBank.

Este progresso dedicado atesta a dedicação e os esforços contínuos da comunidade taxonómica fúngica, que catalogou até agora quase 97 861 espécies de fungos. De acordo com o mais atual Dicionário de Fungos, a estimativa de 1,5 milhões de espécies é o número mais frequentemente citado (Hawksworth, 2001; Kirk, *et al.*, 2008).

Durante o desenvolvimento de conceitos recentes em taxonomia, os sistemas de classificação anteriormente estabelecidos, baseados em caracteres taxonómicos, são considerados altamente artificiais. Várias famílias, em classificações anteriores, incluíam géneros que estão hoje amplamente separados com base em análises filogenéticas moleculares. Isto é considerado um progresso lento em direção a grupos definidos de forma mais natural (Hawksworth, *et al.,* 1991). No cenário atual, podem ser necessários séculos ou milénios para descrever todas as espécies de fungos existentes na Terra. Os ecologistas moleculares estão a desempenhar um papel significativo na descoberta de espécies, que tem sido convencionalmente o círculo exclusivo dos taxonomistas, e a maioria das novas espécies continua a ser descrita sem dados moleculares. Para resolver esta situação, os taxonomistas de fungos devem estar equipados para reavaliar as práticas padrão actuais e devem adotar novos modos de trabalhar na sistemática dos fungos.

Os primeiros progressos na identificação de critérios filogenéticos e moleculares nos fungos começaram com os genes ribossómicos nucleares. O artigo clássico (White, *et al.*, 1990) incluía primers universais ainda hoje amplamente utilizados para amplificar os três principais componentes do operão ribossómico fúngico: (i) a grande subunidade (LSU, referida como 26S ou 28S, e duas sub-regiões variáveis D1 e D2), (ii) a pequena subunidade (SSU, ou 18S), separada por (iii) o Internal Transcribed Spacer, ITS, compreendendo duas secções (ITS1, ITS2) que abrangem a região 5.8S conservada.

A década de 1990 foi um período feroz na sistemática dos fungos, uma vez que as novas técnicas moleculares desafiaram o cenário da taxonomia fenotípica. A taxonomia micológica tem agora uma nova dimensão molecular e os sistemas de identificação baseados na sequência de ADN estão a ser rapidamente adoptados.

O termo filogenia molecular refere-se a relações ancestrais inferidas a partir de dados moleculares. Os caracteres moleculares são extremamente úteis para inferências filogenéticas, compondo um conjunto quase ilimitado de dados intrínsecos. Desde então, os caracteres moleculares, juntamente com os morfológicos, têm subsidiado os sistematas no refinamento da classificação dos seres vivos. A região ITS do rDNA tornou-se o marcador padrão de DNA barcoding para a identificação em nível de espécie para a maioria dos fungos, com a notável exceção das leveduras, onde a Large Sub Unit (LSU) tornou-se o padrão para identificação. O comprimento da região ITS varia consideravelmente entre os principais grupos taxonómicos (quadro 1.1) e proporciona uma resolução superior nos grupos com amplicons mais longos.

Tabelai. 1: Variação nos comprimentos de amplicons ITS (incluindo 5.8S) de grupos principais de fungos seleccionados. Os valores foram calculados com a função Primer blast do National Center for Biotechnology Information (NCBI), utilizando os primers ITS4 e ITS5 (White, *et al.*, 1990), com as pesquisas limitadas aos grupos taxonómicos indicados

Grupos de fungos	Min.	Máximo.	Média	Mediana	Número de sequências
Chytridiomycota	381	772	573	573	29
Mucoromycotina (Zygomycetes)	540	633	577	562	38
Glomeromycetes (AM fungos)	494	497	495	495	7
Ascomycota	-	-	-	-	-
Saccharomycotina (leveduras)	270	763	412	443	110
T aphrinomycotina	613	889	810	889	7
Lecanoromycetes (Líquenes)	464	829	581	512	79
Pezizomycotina	454	509	465	468	177
Leotiomycetes (fungos da Copa)	437	951	522	491	175
Dothideomycetes	454	973	478	468	200
Basidiomycota (ferrugens)	-	-	-	-	-
Pucciniomycotina (ferrugens)	499	642	598	597	200
Ustilaginomycotina (smuts)	572	699	601	587	24
Agaricomycotina (cogumelos, etc.)	397	668	589	596	63
Oomicetos (Straminipila)	493	837	654	666	38

Os sistemas de classificação fenotípica ou morfológica dos fungos baseiam-se historicamente nas características observáveis. As técnicas de microscopia eletrónica permitem o reconhecimento de vários pormenores de especial importância taxonómica. As secções transversais das paredes celulares observadas por microscopia eletrónica de transmissão (TEM) revelam diferenças significativas entre as leveduras

Ascomycetous e Basidiomycetous (Kurtzman & Fell, 1998). A disponibilidade crescente de microscopia eletrónica de varrimento (SEM) resultou num certo número de descobertas significativas e, em alguns ascomicetes, facilitou grandemente a identificação ao nível das espécies, permitindo que as diferenças nos detalhes da superfície dos ascósporos fossem claramente visualizadas (de Hoog & Guarro, 1995). A fracturação por congelação revelou detalhes finos das camadas da parede exterior dos conídios ou ascósporos (Figueras, *et al.*, 1988). Atualmente, a abordagem fenotípica tem sido largamente criticada pela sua falta de terminologia padronizada e estável e pela sua elevada subjetividade. Além disso, algumas características fenotípicas têm sido consideradas instáveis e dependentes das condições ambientais, como acontece com o crescimento em cultura artificial. Uma limitação clara das abordagens fenotípicas é o facto de não poderem ser aplicadas a fungos que não crescem em cultura. Consequentemente, há muitos fungos que permanecerão não classificados enquanto os taxonomistas se basearem apenas em características fenotípicas.

Bruns, *et al.,* 1991; Hibbett, 1992; Kohn, 1992; Kurtzman, 1994; Maresca, 1994; Kobayashi, 1994 e Weising, 1995, efectuaram revisões exaustivas e pormenorizadas da utilização de técnicas moleculares na sistemática dos fungos. Dois importantes avanços técnicos estimularam a utilização de técnicas moleculares. Em primeiro lugar, o advento da PCR permitiu a análise de pequenos números de células fúngicas ou mesmo de esporos isolados, material de herbário seco (Carlile & Watkinson, 1994) ou organismos extintos (Golenberg, *et al.,* 1990). Em segundo lugar, a seleção de primers universais de oligonucleótidos específicos para fungos (Hendriks, *et al.*, 1922) permitiu um acesso fácil às sequências de nucleótidos.

O objetivo dos estudos moleculares no domínio da biodiversidade é quádruplo:

> Estudos filogenéticos - traçar o curso mais provável da evolução e a coerência histórica entre grupos em níveis taxonómicos mais elevados.

> Estudos taxonómicos - principalmente ao nível dos géneros e das espécies.

> Aplicações de diagnóstico - reconhecimento de entidades taxonómicas definidas e

> Epidemiologia e genética das populações - acompanhamento de surtos de entidades subespecíficas no que respeita à análise das populações e do seu modo de reprodução.

Um dos grupos de genes mais frequentemente visados para estudos filogenéticos é o que codifica o rRNA. Os intrões de vários genes codificadores de proteínas, como a β-tubulina, a actina (Cox, *et al.*, 1995), a quitina sintase (Bowen, *et al.*, 1992), a acetil coenzima A sintase (Birch, *et al,* 1992), da gliceraldeído-3-fosfato desidrogenase (Harmsen, *et al.*, 1992), da lenhina peroxidase (Naidu, *et al.*, 1990) ou dos genes da orotidina 59-monofosfato descarboxilase, que podem também ser aplicados e fornecer informações importantes. As principais razões para a popularidade do rDNA prendem-se com o facto de se tratar de um gene de cópia múltipla, não codificador de proteínas, cujas cópias repetidas em tandem são homogeneizadas por uma evolução concertada, pelo que é quase sempre tratado como um gene de locus único. Além disso, os ribossomas estão presentes em todos os organismos, com uma origem evolutiva comum. Partes da molécula são altamente conservadas (van de Peer, *et al.*, 1996) e servem como pontos de referência para estudos de divergência evolutiva. As regiões conservadas alternam com regiões variáveis ou domínios divergentes (Hassouna, *et al.*, 1984). Os rDNAs 5.8S, 18S e 25S são transcritos como um precursor 35S a 40S, juntamente com espaçadores transcritos internos e externos (ITS e ETS). Todos os espaçadores são separados do transcrito. Entre cada cluster existe um espaçador não transcrito ou intergénico (NTS ou IGS) que serve para separar as repetições umas das outras no cromossoma. Um gene 5S ocupa uma posição variável e é transcrito na direção oposta. O comprimento total de uma repetição de ADN situa-se entre 7,7 e 24 kb (Hibbett, 1992). Foram efectuadas comparações das sequências de rRNA 18S (também designada por pequena subunidade, SSU) para avaliar as relações entre os principais grupos de organismos vivos. Para a filogenia dos fungos filamentosos, a sequência 18S é maioritariamente utilizada na sua totalidade ou em subunidades de mais de 600 pb (Bruns, *et al.,* 1990). Nas leveduras, as regiões variáveis Dl e D2 das regiões 25S rDNA são quase exclusivamente utilizadas (Guillot & Gueho, 1995). Esta técnica está atualmente a ser alargada aos hetero basidiomicetes (Begerow & Oberwinkler, 1997) e por vezes também aos Ascomicetes filamentosos (Guadet, 1989). No gene 18S, os domínios variáveis fornecem, na sua maioria, informações insuficientes para efeitos de diagnóstico (de Hoog & Gerrits van den Ende, 1998), pelo que é necessário sequenciar grandes partes da molécula para obter a resolução necessária. As regiões ITS são muito mais variáveis, mas as sequências só podem ser alinhadas com confiança entre taxa estreitamente relacionados. Estas regiões são geralmente utilizadas para a diferenciação de espécies, mas podem também constituir padrões de microevolução. Em contrapartida, o rDNA 5.8S é demasiado pequeno e tem a menor variabilidade. O rDNA 5.8S tem sido utilizado principalmente para inferir relações a nível ordinal (Walker & Doolittle, 1982), em que as diferenças podem ser rastreadas até à estrutura secundária da molécula (Blanz & Unseld, 1987). A distância evolutiva é geralmente apresentada sob a forma de árvores e existe uma grande diversidade de algoritmos para as construir. São utilizados dois métodos básicos:

- Métodos de matriz de distância, resultando em fenogramas e
- Métodos de máxima parcimónia, resultando em cladogramas.

A significância estatística da árvore encontrada é testada através da utilização de algoritmos de reamostragem, como o método bootstrap.

Nos últimos anos, os métodos mais utilizados para a taxonomia ao nível das espécies têm sido a sequenciação e os métodos electroforéticos. Estes estudos foram realizados com géneros maiores, como *Penicillium* (LoBuglio, *et al.,* 1994) e *Fusarium* (Peterson, 1991). Ocasionalmente, a utilização de ITS na sistemática de fungos é problemática devido à ocorrência de dois tipos diferentes num único organismo (O'Donnell, 1992). Entre os métodos electroforéticos, o polimorfismo de comprimento de fragmentos de restrição (RFLP) é particularmente importante para a taxonomia. Esta técnica envolve a digestão de amostras de ADN com um painel de enzimas de restrição. Mais frequentemente, é utilizado o RFLP do rDNA amplificado por PCR. Esta técnica também é conhecida como análise de restrição do rDNA amplificado (Vaneechoutte, 1992) e fornece uma visão rápida das relações entre fungos moderadamente distantes (de Hoog & Gerrits van den Ende, 1998)

Revisão da literatura

A micologia, o estudo dos fungos, tornou-se sistemático após o desenvolvimento do microscópio no século XVIth . Embora os esporos de fungos tenham sido observados pela primeira vez por Giambattista della Porta em 1588, considera-se que o trabalho seminal no desenvolvimento da micologia foi a publicação da obra de Micheli "*Nova plantarum genera*", de 1729. Micheli não só observou esporos, mas mostrou que, nas condições adequadas, estes podiam ser induzidos a crescer nas mesmas espécies de fungos de que eram originários (Alexopoulos, *et al.*, 1996). thNo século XVIII, Linnaeus (1707-1778), um grande sistematicista cuja contribuição para o "Sistema Binomial" de nomenclatura é maravilhosa. A sua obra mais nobre "*Species Plantarum*" (1753) permanecerá para sempre um marco na história da taxonomia e da nomenclatura. Relatou 09 géneros de fungos no seu "*Systema Nature*" (1735), 11 géneros no "*Genera Plantarum*" (1737) e 08 espécies representando 06 géneros no "Hortus Cliffortianus" (1737b). O seu melhor trabalho é apresentado em "Flora Lapponica" (1737c) que inclui uma descrição precisa e curta em latim de 47 espécies de *Agaricus*. Na sua obra "*Cyrptogamia*" (24th), tratou dos fungos em "*Cryptogamia Fungi*" e incluiu algumas espécies em "*Cryptogamia Algae*". Esta obra abriu um novo capítulo nos anais das ciências biológicas ao introduzir pela primeira vez o sistema binomial ou a nomenclatura. Um trabalho contemporâneo digno de nota que merece uma menção especial em relação ao presente estudo é o de Hainrich Julius Tode (1733-1797), cujo "*Fungi Meckenburgenses Selecti*" (1790-1791), contém descrições de géneros de hifomicetos como *Myrothecium, Periconia, Pyrenium, Sclerotium, Tubercularia* e *Volutella,* a maioria destes nomes são utilizados atualmente. Martius (1794-1868) dedicou uma atenção considerável ao estudo dos fungos e o nome "Hyphomycetes" foi por ele cunhado pela primeira vez na sua "*Flora Cryptogamica earlangensis*" (1817). O primeiro estudo pormenorizado dos fungos nos Estados Unidos foi efectuado por Schewintz (1780-1834), que, juntamente com Albertini, publicou o "*Conspectus Fungorum in Lusatiae*" (1805). Fries (17941878), muitas vezes referido como o Linnaeus da micologia, é elogiado pela sua excelente obra

"*Systema Mycologicum*".

thO século XX, desde o seu início, testemunhou a contribuição de trabalhadores de vários cantos do mundo que marcaram uma época. Podemos mencionar Persoon pelos seus tratados taxonómicos como "*Synopsis Methodica Fungorum*" (1801) e "*Mycologia Europaea*" (1822-1828). A contribuição notável para o nosso conhecimento sobre taxonomia e sistemática de fungos veio de Link (1809), Nees (1816-1817),

Ehrenberg (1818) e Fries (1821-1832). Tudo isto levou a rápidos avanços no tratamento taxonómico de diferentes grupos, estabelecidos até à data, com organismos de diferentes cantos do mundo, incluindo a Índia.

Uma das contribuições mais notáveis para a micologia foi apresentada pelos irmãos Tulasne, L.R. Tulasne (1815-1855) e C. Tulasne (1816-1884) na sua obra de três volumes "*Seleta Fungorum Carpologia*" (publicada em 1861, 1863 e 1865, respetivamente). Assim, os Tulasnes abriram uma nova linha de pensamento e descobriram o pleomorfismo dos fungos que resolveu muitos enigmas taxonómicos e nomenclaturais, estabelecendo a ligação entre os estados conidial, ascocárpico e basidial de muitos fungos de Ascomycotina e Basidiomycotina, que até então eram considerados como géneros diferentes de fungos imperfeitos e, mais tarde, o grupo "Fungi Imperfecti" foi estabelecido por Fuckel (1869-1870) e por Saccardo como uma classe separada de Deuteromycetes. Hughes (1951, 1953a, 1953b, 1958, 1959, 1971, 1983, 1989, 2001) prestou grandes serviços à causa da sistemática dos hifomicetas. O seu sistema de classificação baseia-se principalmente nos diferentes tipos de conidióforos e nos padrões de desenvolvimento dos conídios. Apresentou oito secções baseadas principalmente no tipo de conidióforo, na ontogenia conidial e na estrutura dos conídios. O seu trabalho inspirou muitos dos seus contemporâneos e sucessores como Tubaki (1958), Barton (1968), Subramanian (1952, 1956, 1962a, 1962b, 1965, 1971, 1983 e Ellis (1971, 1976) para um estudo exaustivo dos hifomicetas. Tubaki (1957) contribuiu de forma valiosa para os nossos conhecimentos sobre os hifomicetas, descrevendo e ilustrando um grande número de hifomicetas japoneses.

Subramanian, um conhecido hifomicetologista, dedicou-se ativamente, durante vários anos, ao estudo dos hifomicetos da Índia e estudou a classificação deste grupo desde 1952 até à data, tendo proposto 06 famílias, *nomeadamente* Torulaceae, Bacteridaceae, Tuberculariaceae, Helmintho-sporiaceae, Coniosporiaceae e Geotrichaceae, caracterizadas por 07 tipos diferentes de esporos. O seu livro" Hyphomycetes" (1971) constitui uma base para outras pesquisas no campo da hifomicetologia em geral. Foram também utilizados critérios numéricos (Sokal & Sneath, 1963; Dabinett e Wellman, 1978), bioquímicos e serotaxonómicos (Barnett, 1966) para a disposição taxonómica de certos grupos de fungos. Kendrick (1971) acrescentou ainda que "por um lado, Madelin (1949) mostra que a ontogenia do conídio, mesmo em anamorfos "monomórficos", não é de modo algum tão estável como gostaríamos que fosse e, por outro lado, a Sra. Wang mostra que um único genoma pode ter mais do que uma expressão anamórfica simultânea e que os anamorfos irmãos podem exibir mais do que um modo de conidiogénese. Concluindo o que precede, pode afirmar-se que devem ser procurados critérios taxonómicos mais estáveis, impecáveis e convincentes, capazes de resistir ao teste do tempo, para a criação de um novo sistema para os Deuteromycotina, em vez da ontogenia dos conídios que, até há pouco tempo, era fortemente defendida como um critério taxonómico principal muito importante e fiável. Um outro problema de importância primordial é o rápido aumento do número de géneros que, segundo Carmichael *et al.* (1980), *atingiu os* 900, mas que também não conseguiu atrair a atenção dos hifomicetologistas. No entanto, Kendrick, (1971) fez os seus melhores esforços para resolver este problema através da unificação de alguns dos géneros anamórficos com base na "semelhança", adoptando uma abordagem politética, mas devido à sua própria limitação, não pode ser implicado em geral atualmente. Não há dúvida de que o trabalho contínuo nesta linha será certamente de grande utilidade e, assim, poderá conseguir resolver a situação intrigante, se não totalmente, mas pelo menos até certo ponto.

No que diz respeito ao estado nomenclatural de 1485 nomes genéricos de Coelomycetes e fungos picnothriáceos, Sutton, (1977) rejeitou 720 e aceitou 393, estando os restantes 372 nomes genéricos ainda por reavaliar. Butler, 1905- 1950;

Sydow, 1916; Subramanian e Ramakrishnan, (1956) fizeram contribuições valiosas sobre a taxonomia de fungos em plantas florestais.

thNa segunda metade do século XX, merecem referência as contribuições muito importantes e incontornavelmente necessárias de Hughes (1971); Chupp (1953); Deighton (1971); Ellis (1967, 1971, 1972, 1976); Sutton (1973, 1974, 1975, 1977); Mulder (1982); Kendrick (1971); White, *et al.,* (1990).

Um levantamento da literatura mostra que muito pouco estudo sistemático de doenças de plantas florestais foi efectuado na Índia. A micologia na Índia começa com o trabalho de visitantes estrangeiros, principalmente britânicos, que recolheram fungos do país e enviaram os seus espécimes para laboratórios europeus para estudo e identificação. Cunningham e Barelay merecem uma menção especial por terem iniciado as investigações sobre fungos neste país. Entre os micologistas indianos, Kirtikar, dos serviços médicos indianos, foi a primeira pessoa a dedicar-se ao estudo dos fungos carnudos (1885), o que marca o início da iniciativa indiana no domínio da micologia. O falecido Sir Butler (1874-1943) é considerado o "Pai da micologia indiana" por ter iniciado e organizado pela primeira vez uma grande investigação micológica e fitopatológica na Índia. Muitos micologistas contribuíram grandemente para o nosso conhecimento sobre várias doenças fúngicas das plantas florestais. Da mesma forma, na Índia, algumas contribuições muito importantes e incontornavelmente necessárias para este fundo de conhecimento na última metade do século são as de Thirumalachar e Lacy (1951); Ganguly e Pandotra (1963); Prasad e Verma (1970); Agarwal e Sharma (1973); Sutton (1973); Kamal, *et al.,* (1986); Rai, *et al.,* (1982, 1986, 1995) merecem ser mencionadas. No início da década de 1990, foram efectuados muitos trabalhos valiosos sobre os deuteromicetos, em especial os hifomicetos de diferentes partes do mundo, incluindo a Índia.

Braun e Castendeda (1991); Rai e Kamal (1992); Braun (1993); Khan, *et al.,* (1994); Rai, *et al.,* (1995); Andersen & Thrane, (1996); Begerow, *et al*., (1997); Amicucci, *et al*., (1998);Verma, *et al,* (1999); Riggs e Mims (2000); Hughes (2001); Yuzbaşioglu, *et al.,* (2001); Wagner & Ryvarden, (2002); Crous & Braun, (2003); Lutzoni, *et al.,*

(2004); Dean, *et al,* (2005); Braun, *et al.,* (2006); Marcin & Kalman, (2007); Brem & Lips, (2008); Gortari & Hours, (2008); Le Calvez, (2009); Young- Joon & Marco, (2010); Uzun, *et al,* (2010); Hibbett, *et al*., (2011); Cui, *et al*., (2011); Schoch, *et al*., (2012); Rambold, *et al.,* (2013); Thines, (2014); Liu, *et al.,* (2015); Jayasiri, *et al.,* (2015); Ariyawansa, *et al.,* (2015); Rossman, *et al,* (2015); Yang, *et al.,* (2016); Lawrence, *et al.,* (2016); Park, *et al.,* (2016); Zhao, *et al*., (2016); Dar, *et al.,* (2014, 2015, 2016, 2017); De Crop, *et al*., (2017); Rodriguez-Echeverria, *et al.,* (2017); Krappmann, (2017).

Ferramentas e técnicas

Observações fenotípicas

Microscopia eletrónica de varrimento (SEM)

O Microscópio Eletrónico de Varrimento (FEI Nova Nano SEM-450) foi utilizado para documentar a morfologia e as relações espaciais dos espécimes de fungos recolhidos. O MEV proporcionou uma visualização tridimensional (3d) em alta resolução. A maioria dos espécimes de MEV foram fotografados à temperatura ambiente em alto vácuo, tendo sido primeiro fixados quimicamente, desidratados e revestidos com material condutor (ouro) para evitar a acumulação de carga do feixe de electrões (Hall & Hawes, 1991). Os avanços nas metodologias SEM tornaram possível explorar uma variedade de questões na biologia dos fungos. A capacidade de associar a imagiologia a manipulações genético-moleculares oferece a possibilidade de aprofundar a nossa compreensão do modo como os mecanismos moleculares da célula conduzem a alterações morfológicas e estruturais, para uma melhor elaboração da citologia fúngica. A técnica revelou diferentes características, *nomeadamente a* interação fungo-hospedeiro, as dimensões dos conídios e o comprimento das hifas.

Observações genotípicas

Culturas homogéneas de fungos

Os espécimes fúngicos interessantes foram isolados e inoculados com uma ansa estéril em diferentes meios de cultura, *nomeadamente em* ágar dextrose de batata (PDA), ágar de extrato de malte (MEA) e 6-benzil amino purina (6-BAP). As placas de cultura foram incubadas a 22- 28^0 C durante 15-17 dias. No 18th dia, as culturas foram examinadas quanto às unidades formadoras de colónias (UFC) utilizando um hemocitómetro e a suspensão de esporos de concentrações de $1x10^3$ foi inoculada em meio de caldo de dextrose de batata. A subcultura de policulturas heterogéneas foi efectuada em condições assépticas. As culturas foram novamente incubadas a 280C durante 15 dias até aparecer um crescimento homogéneo de algodão.

Isolamento de ADN

50-70 mg de tapete de micélio seco foram transferidos para tubos eppendorf estéreis. Esmagado com uma tesoura estéril e feito um pó fino. Adicionou-se 600µl de tampão de extração CTAB (Brometo de Cetil Tri Metil Amónio) pré-aquecido a 60° C (Carlier, *et al.*, 1996). O pó micelial resultante foi incubado em banho-maria a 500C durante 3-4 horas, com agitação frequente em vórtice a intervalos de 10 minutos. As amostras resultantes foram centrifugadas a 10000 rpm durante 20 minutos à temperatura ambiente. O sobrenadante foi transferido para um tubo eppendorf estéril. Foram adicionados 600µl de clorofórmio e álcool isoamílico (24:1) e submetidos a vórtex novamente durante 5 minutos. Foi adicionado 0,5 µl de acetato de sódio 3 M (pH 5,2), misturado suavemente e armazenado em gelo durante 15 minutos. A solução foi novamente centrifugada a 16000 rpm a 4^0 C durante 10 minutos. Foram adicionados 600µl de isopropanol refrigerado a um tubo eppendorf e armazenados a -50^0 C durante 10 minutos. O sobrenadante foi decantado e foram adicionados 600µl de etanol a 70% e a solução foi mantida à temperatura ambiente. Deixar secar o sedimento durante a noite. Foram adicionados 25µl de água destilada e mantidos durante 2 horas à temperatura ambiente, seguindo-se a eletroforese e a espetrofotometria de nano-gotas. As amostras de ADN foram armazenadas a -20^0 C.

Amplificação por PCR e digestão do rDNA (amplificação do gene ITS)

Os genes ITS (Internal Transcribed Spacer) de diferentes isolados fúngicos foram amplificados pela técnica molecular RAPD, *nomeadamente através da* seleção de iniciadores específicos e da otimização das condições de PCR. As reacções de PCR foram realizadas utilizando o kit Kapabiosystems em placas de 96 poços. Os primers ITS1, ITS3, ITS4 e ITS5 (White, *et al.,* 1990) apresentaram a maior eficiência de amplificação. A mistura principal da reação é constituída por 9,6 µl de trealose a 10%, 7,0 µl de ¾O, 2,5 µl de tampão PCR 10X 'B', 0,8 µl de MgC12, 2,0 µl de 2,5mM de dNTP, 1,0 µl de primers forward e reverse a 10mM cada e 0,1µl de taq polimerase (5 unidades/µl). Esta mistura principal é então distribuída em cada tubo de PCR, 24µl de mistura principal em cada tubo de PCR com 1 µl de modelo de ADN com concentração de 30-100ng/µl. Os ciclos térmicos da reação de PCR incluem um passo inicial de 3 minutos a 95^0 C e 35 ciclos de 30 segundos a 94^0 C, 40 segundos a 52ºC e 1 minuto a 72ºC, com uma extensão final a 72ºC durante 10 minutos. Os amplicões foram visualizados num gel de agarose de 1,5-2,0%.

Sequenciação do gene ITS (Internal Transcribed Spacer)

Os amplicões da PCR foram processados para limpeza, a fim de remover os nucleótidos não incorporados e os primers residuais, utilizando a enzima Exo-SAP (Exo nuclease I - Shrimp Alkaline Phosphatase). Estes amplicões foram encaminhados para a reação de sequenciação cíclica utilizando o BigDye® Terminator v.3.1 Cycle Sequencing Kit (Applied Biosystems, Inc.) com uma diluição de 16th vezes. Foram concebidos alguns primers específicos da sequência para a amplificação de genes. As condições do termociclador incluem um passo inicial de 5 minutos a 96ºC e 35 ciclos de 30 segundos a 96ºC, 15 segundos a 55ºC e 4 minutos a 60ºC. O ciclo de sequenciação foi seguido de uma limpeza da sequenciação pelo método de precipitação com etanol, seguido da dissolução do modelo em formamida Hi-Di (formamida altamente desionizada). Estas amostras foram sequenciadas de forma direcional no analisador genético ABI 3130.

Pontuação BLAST (resumo do valor E)

O valor E ou valor Expect é uma ferramenta métrica que mostrou o alinhamento significativo numa correspondência de sequência ITS de homologia particular. No BLAST (Basic Local Alignment Search Tool) específico, os resultados da pesquisa são designados por um valor E que reflecte o quão significativo é o resultado do BLAST, apenas para apresentar as semelhanças nas sequências de genes ITS.

Estatisticamente, o valor E- é calculado como:

$$\mathbf{E = Kmne^{-\lambda S}}$$

Onde, K e λ são constantes que dependem puramente da matriz de pontuação utilizada, enquanto que m é o comprimento da consulta e n é o comprimento da base de dados e S é a pontuação do alinhamento. Os valores E calculados de diferentes acertos foram apresentados graficamente.

Análise filogenética

As árvores filogenéticas (árvore de junção de vizinhos) foram construídas utilizando diferentes programas informáticos de bioinformática, *nomeadamente* o método de agrupamento UPMGMA (Statistics on BioloMICS Ward's minimum variance, tree: Cophenetic Coef. Corr.: 0.13263 N obs: 1128.00000 DF: 1127.00000 T-value: 4.49218 ND P: 0.415813 D P: 0.831627 OTUs na árvore: 48), MABL (Methodes et Algorithmes pour la Bio informatique Lirmm) Phylogeny Blast 2.2.15 e PHYML (PHYlogenetic inferences using Maximum Likelihood) para traçar a relação dos isolados com outras espécies fúngicas relacionadas retiradas do GenBank com base nas suas semelhanças de sequência das regiões ITS1 e ITS2 do rDNA. Os valores estatísticos de parentesco foram obtidos pelo método de bootstrapping *através da* incorporação do software bioinformático phylogeny.lirmm. fr. Na interpretação das árvores, o comprimento de um ramo flutua proporcionalmente às diferenças nucleotídicas e os números indicados nos respectivos ramos reflectem as percentagens de frequências com que um determinado ramo apareceu em diferentes 100-1000 replicações bootstrap. O segmento da linha inferior representa uma quantidade de mudança genética nos isolados dada em termos de valores bootstrap de espécies aliadas.

Micotaxonomia molecular de algumas espécies novas de fungos

1. *Trichothecium kashmeriana* sp.nov.

Durante as explorações micológicas na Caxemira do Sul em setembro de 2015, foram observadas manchas brancas sob as superfícies das folhas nas variedades de maçã *Kulu, Ambri, American delicious, Maharaja* e *Golden delicious*. Os conidióforos e os conídios na superfície do tecido hospedeiro dão-lhe uma mancha branca ou um aspeto de oídio com colónias hipofílicas efusivas.

A identificação morfológica foi realizada por microscópio eletrónico de varrimento de feixe duplo (SEM) e a identificação molecular foi apoiada pela análise da sequência do espaçador interno transcrito (ITS) do rDNA, que é o único local de código de barras de ADN para a identificação molecular de fungos (Schoch, *et al.*, 2012) (**Figura 4.1**). Simultaneamente, também se observou que a extensão da infeção muda parabolicamente com as condições ambientais flutuantes em diferentes estações na área prevalecente (**Figura 4.2**).

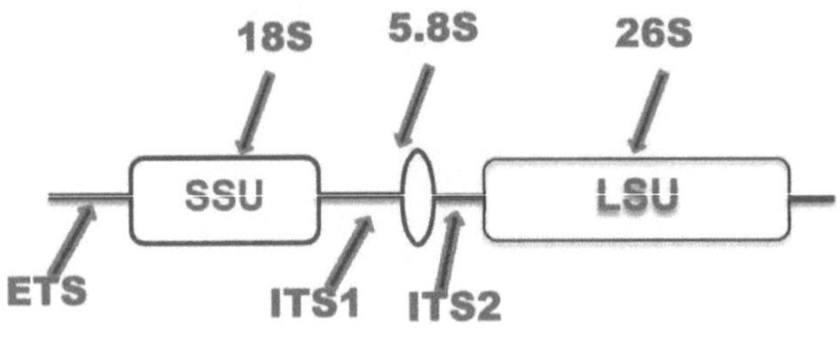

SSU = Subunidade pequena LSU = Subunidade grande

Unidade

ETS = Espaçador transcrito externo ITSl =

Espaçador interno transcrito l ITS2 =

Espaçador interno transcrito 2

Figura 4.1: Operão do rDNA - Espaçador Interno Transcrito (ITS)

O fungo foi isolado das amostras infectadas colhidas nos diferentes locais seleccionados (**Quadro 4.2**). Os sintomas apareceram nas superfícies inferiores das folhas como manchas esbranquiçadas irregulares claras (nódoa), espalhando-se mais tarde também para as superfícies superiores (**Figura 4.3**). A maior parte das árvores infectadas foram desfolhadas prematuramente.

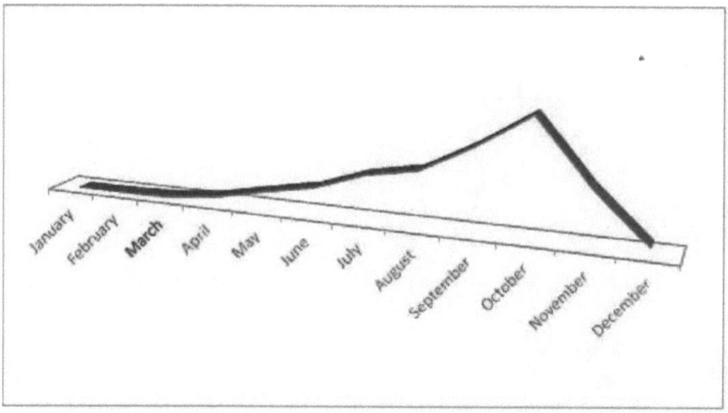

Figura 4.2: A curva de crescimento de *T. kashmeriana* mostra que a extensão da infeção muda parabolicamente com as condições ambientais flutuantes em diferentes estações na área predominante.

Quadro 4.2: Locais seleccionados e estudados mostrando diferentes percentagens de ocorrência de *T. kashmeriana* em diferentes locais na Índia.

Área inquirida	Número de plantas observadas	Número de plantas infestadas	% de ocorrência de fungos
Anantnag	30	07	0.234
Baramulla	35	11	0.314
Shopian	37	14	0.378
Kupwara	15	03	0.200
Srinagar	10	04	0.400

Total	127	39	0.307

Figura 4.3: Folhas infectadas de *Pyrus malus* L.

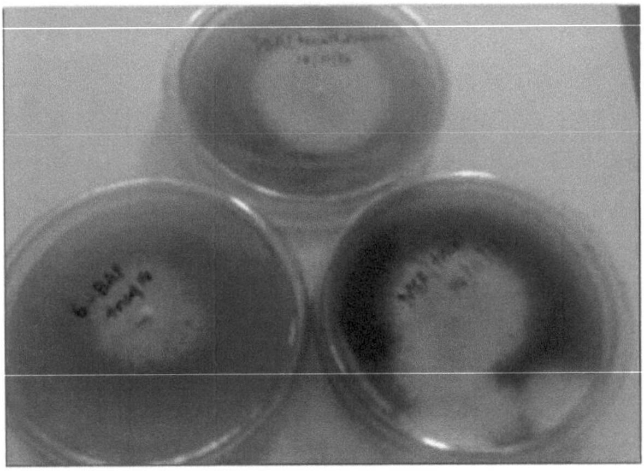

Figura 4.4: Mostra uma cultura homogénea de 10 dias de *T. kashmeriana* em PDA incubada a 22- 28° C. As culturas de fungos foram examinadas quanto à UFC utilizando um hemocitómetro e a suspensão de esporos de $1x10^3$ concentrações

Observações fenotípicas (Microscopia eletrónica de varrimento)

Sintomas irregulares aveludados esbranquiçados a castanho-escuros apareceram nas superfícies inferiores das folhas, tornando-se mais tarde castanho-acinzentados na superfície superior. A técnica revelou diferentes características, *nomeadamente* a interação entre o fungo e o hospedeiro, as dimensões dos conídios e o comprimento das hifas. Desenvolvimento conidial retrógrado, elipsoidal a piriforme de duas células, com uma cicatriz basal obliquamente truncada, hialina, lisa a delicadamente rugosa e com paredes espessas e constritas no septo ou perto dele (watanabe). O tamanho varia entre 15-20 x 7,5-

a
12/3/2014 1:19:25 PM
dwell 45 µs
HV 18.00 kV
HFW 69.1 µm
pressure 3.89e-3 Pa
mag 6 000 x
20 µm
HiRes - Gold on Carbom
b
12/3/2014 1:16:27 PM
dwell 45 µs
HV 18.00 kV
HFW 69.1 µm
pressure 5.58e-3 Pa
mag 6 000 x
20 µm
HiRes - Gold on Carbom

c
12/3/2014
1:21:25 PM
dwell
45 µs
HV
18.00 kV
HFW
276 µm
pressure
3.18e-3 Pa
mag
1 500 x
100 µm
HiRes - Gold on Carbom
d
12/3/2014
1:29:02 PM
dwell
45 µs
HV
18.00 kV
HFW
16.6 µm
pressure
1.85e-3 Pa
mag
25 000 x
5 µm
HiRes - Gold on Carbom

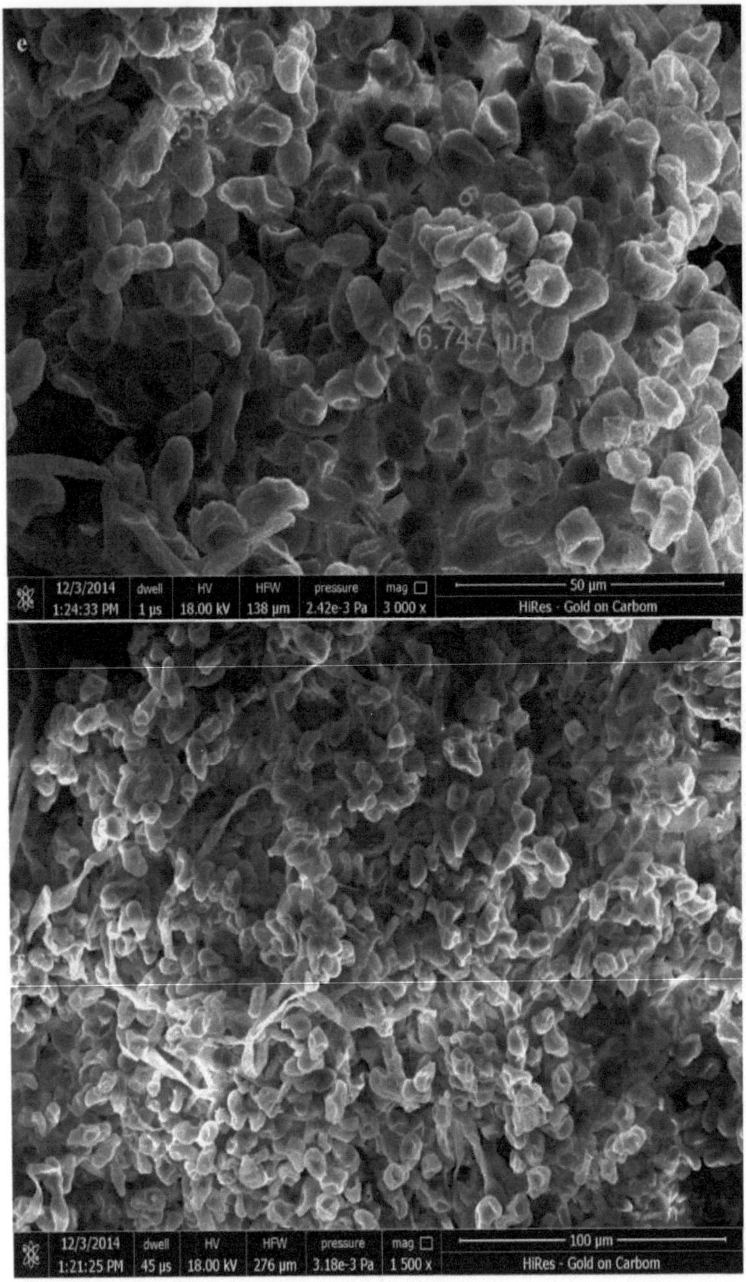

Figura 4.5: Imagens SEM de *Trichothecium kashmeriana* revestido com ouro (HiRes - Ouro sobre carbono): **(a & c)** Morfologia geral dos conídios a 6000X & 1500X respetivamente, **(b)** & **(f)** mostra diretamente a fixação do *Trichothecium*

kashmeriana ao hospedeiro a 6000X e 1500X respetivamente **(d)** Dimensões de um único conídio com 6,101µm a 25000X. **(e & g)** Tamanhos médios de conídios, 4,530µm, 6,111µm e 6,747µm a 3000X e 6000X, respetivamente,

10 µm. Inicialmente são asseptados, o septo desenvolve-se quando os conídios jovens amadurecem. Os conidióforos são erectos, não ramificados, frequentemente septados perto da base, com paredes mais ou menos rugosas (Figura 4.5a, b,c,d,e,f, & g). As colónias têm um crescimento moderadamente rápido, são planas, semelhantes a uma camurça ou a um pó, inicialmente brancas mas tornando-se rosadas, cor-de-rosa ou alaranjadas com a idade (figura 4.4). Os conidióforos não se distinguem das hifas vegetativas até à produção do primeiro conídio.

Teste de patogenicidade

No teste de patogenicidade, os esporos do fungo quando pulverizados nas maçãs/folhas frescas causaram os mesmos sintomas de mancha branca em 04 semanas após a inoculação artificial, o que é semelhante às observações no campo. Os comprimentos médios das lesões resultantes da inoculação superficial do fungo em 05 variedades de maçã são apresentados no **quadro 3**. As diferentes variedades respondem de forma diferente, a lesão mais longa (média=6,028mm) foi obtida na variedade *Kulu* e a menor na variedade *American delicious* (média=2,011mm).

Quadro 4.3: Estudo de patogenicidade realizado em diferentes variedades de maçã artificialmente inoculadas com fungos. As diferentes variedades reagem de forma diferente.

Variedades	Número de isolamento	Comprimento médio da lesão (mm)
Kulu	KASH1078	6.028
Ambri	KASH1099	5.029
Delicioso dourado	KASH1065	4.023
Americano delicioso	KASH1055	2.011
Marajá	KASH1040	3.019

As médias seguidas pela mesma letra não são significativamente diferentes (P=0,05)

Observações genotípicas

Optimizando as condições da PCR, foram utilizados os iniciadores ITSl e ITS4 (**quadro 4.4**), que apresentam a maior eficiência de amplificação, para amplificar o gene ITS. A PCR resultou na amplificação bem sucedida do gene ITS rDNA (374 pb). Os amplicons foram visualizados em gel de agarose a 1,5% sob transiluminador UV (**Figura 4.6**). Todas as sequências do gene ITS determinadas neste estudo foram submetidas ao GenBank. Com base nas sequências de ADN, foram efectuadas comparações entre *Trichothecium kashmeriana* e as espécies ou isolados mais próximos para os quais existiam sequências disponíveis. A árvore filogenética (árvore de junção de vizinhos) foi construída utilizando o método de agrupamento UPMGMA (Unweighted Pair Group Method with Arithmetic Mean) (Statistics on BioloMICS Ward's minimum variance, tree: Cophenetic Coef. Corr.: 0.13263 N obs.: 1128.00000 DF: 1127.00000 T-value: 4.49218 ND P: 0.415813 D P: 0.831627 OTUs na árvore: 48).A árvore documentou informações sobre as relações evolutivas inferidas entre os diferentes taxa de *Trichothecium* aliados. A sequência ITS gerada foi submetida a BLAST na base de dados NCBI (http://www.ncbi.nlm.nih.gov) para obter as semelhanças entre as espécies. A análise de máxima verosimilhança foi efectuada por MOLE BLAST (http://blast.ncbi.nlm.nih.gov/moleblast/moleblast.cgi) e os valores estatísticos de parentesco foram dados por bootstrapping (amostragem aleatória com substituição) utilizando o programa bioinformático phylogeny.lirmm.fr. O segmento da linha inferior com o número numérico '0,06' reflecte o comprimento do ramo que representa uma quantidade de mudança genética. As unidades de comprimento de ramo (substituições nucleotídicas/sítio) são o número de alterações ou substituições genéticas dividido pelo comprimento da sequência (**Figura 4.7**). O comprimento de um ramo flutua proporcionalmente às diferenças de nucleótidos, e os números indicados nos respectivos ramos reflectem as percentagens de frequências com que um determinado ramo apareceu em diferentes 1000 replicações bootstrap.

Tabela 4.4: Primers utilizados para a amplificação do gene ITS.

Primários	Sequência (5' - 3')

ITSl	TCCGTAGGTGAACCTGCGG
ITS4	TCCTCCGCTTATTGATATGC

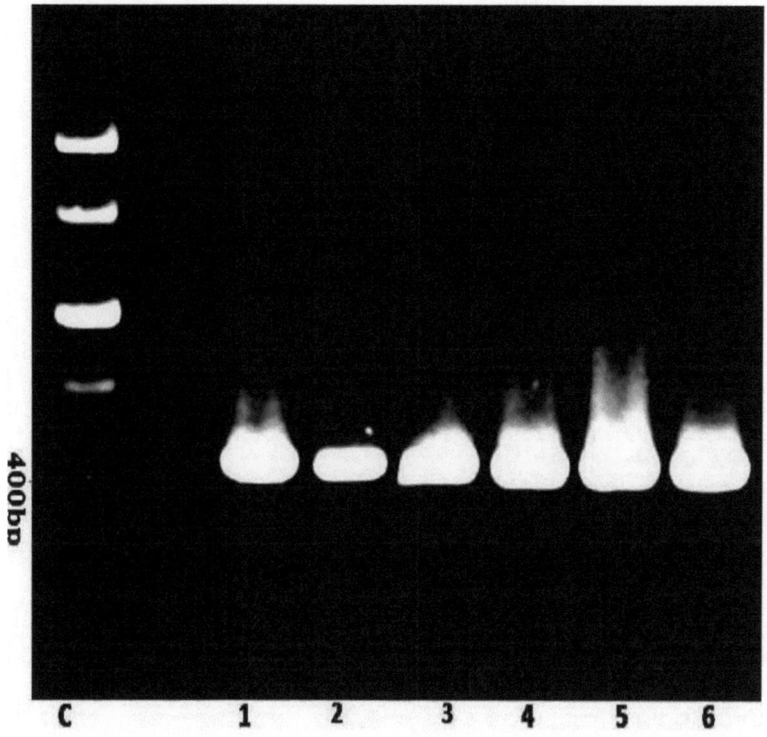

Figura 4.6: Variação do tamanho dos fragmentos de ADN ribossómico amplificados a partir de *Trichothecium kashmeriana* **KT825858** utilizando os primers ITS-I e ITS-4 concebidos a partir da sequência comum a ITSl e ITS2.

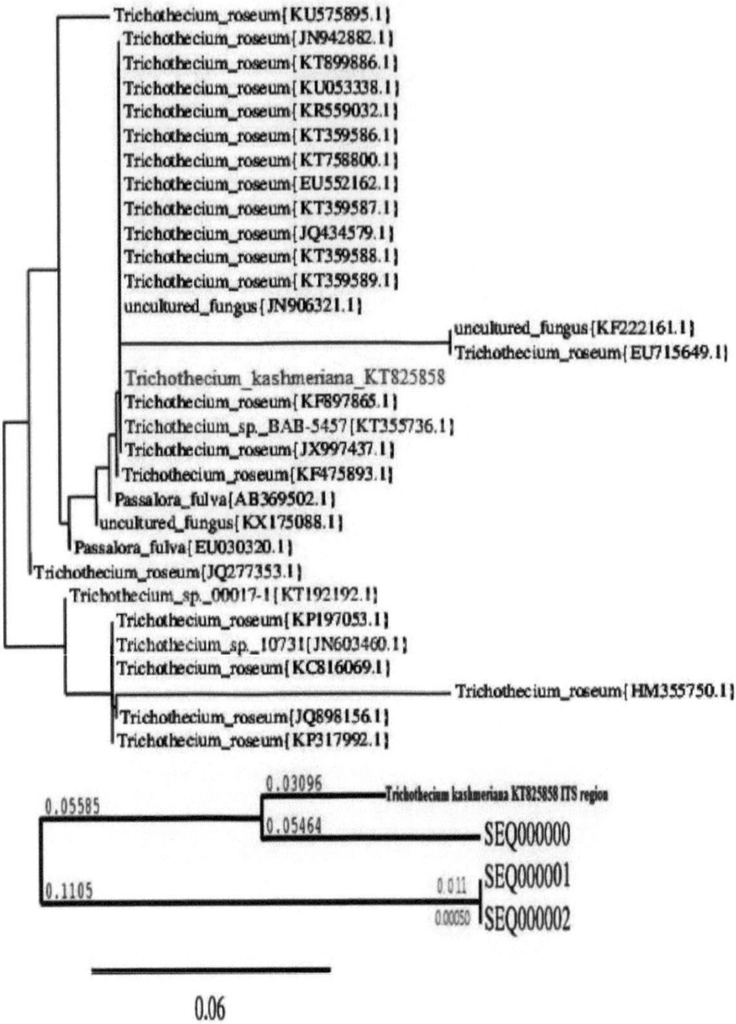

Figura 4.7: Árvore filogenética de máxima verosimilhança baseada nas variantes da sequência de rDNA da subunidade pequena - espaçador interno transcrito - subunidade grande (SSU-ITS-LSU) do *Trichothecium kashmeriana* com as correspondências de sequências estreitamente relacionadas construídas por phylogeny.lirmm.fr Os ramos que receberam <70% de apoio bootstrap foram reduzidos a politómios e os ramos longos foram encurtados em 40%, o que é indicado com duas barras diagonais. Os valores de bootstrap são dados para ramos entre culturas, mas não dentro delas. A barra de escala indica o número de substituições por local e o número '0,06' mostra o comprimento do ramo que representa uma quantidade de alteração genética.

Números de acesso da sequência nucleotídica

O número de acesso ao GenBank para a sequência do produto da região ITS amplificado com os primers ITSl e ITS4 do isolado 220c de *Trichothecium kashmeriana* (NCBI unique submission Id Banklt -l858990) foi atribuído ao número de acesso NCBI GenBank **KT825858**.

```
>Trichothecium kashmeriana_KT825858
TCGCAGCCCCGGACCAAGGCGCCCGCCGGAGGACCAACCAAAACTCTT
ATTGTATACCCCCTCGCGGGTTTTTTTATAATCTGAGCCTTCTCGGCG
CCTTCGTAGGCGTTTCGAAAATGAATCAAAACTTTCAACAACGGATCT
CTTGGTTCTGGCATCGATGAAGAACGCAGCGAAATGCGATAAGTAATG
TGAATTGCAGAATTCAGTGAATCATCGAATCTTTGAACGCACATTGCG
CCGCCAGTATTCTGGCGGGCATGCCTGTCCGAGCGTCATTTCAACCCT
CGAACCCCTCCGGGGGGTCGGCGTGGGGATCGGCCCTCCCTTAGCGG
GGTGGC CGTCTCCGAAATACAGCGGTCTCGCCGCGG
```

Pontuação BLAST (resumo do valor E)

O valor E ou o valor Expect mostrou o alinhamento significativo numa correspondência de sequência ITS de homologia específica. Nos resultados específicos da pesquisa BLAST, foi designado um valor E que reflecte a importância do acerto BLAST, apenas para apresentar as semelhanças nas sequências de genes ITS. Os valores E calculados para os diferentes resultados são apresentados na **figura 4.8.**

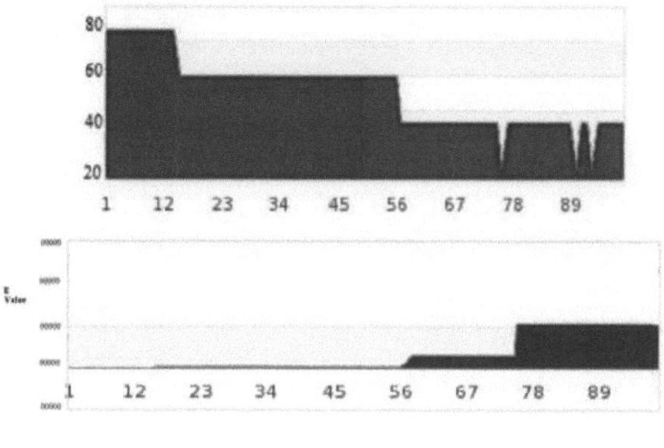

Figura 4.8: As pontuações indicam o grau de semelhança entre a sequência de consulta e os acertos, são indicadores da probabilidade de uma determinada correspondência ter sido gerada aleatoriamente.

GenBank

Trichothecium kashmeriana **strain 220c internal transcribed spacer 1, partial sequence; 5.8S ribosomal RNA gene, complete sequence; and internal transcribed spacer 2, partial sequence**

```
Go to:
GenBank: KT825858.1

FASTA Graphics

LOCUS     KT825858        374 bp DNA   linear    PLN 08-MAR-2016
DEFINI    Trichothecium strain 220c internal transcribed spacer 1,
TION      kashmeriana
          partial sequence; 5.8S ribosomal RNA gene,
          complete sequence; and internal transcribed
          spacer 2, partial sequence.
ACCESSION KT825858
VERSION KT825858.1
GI:1002677725 KEYWORDS
                  .
SOURCE        Trichoderma herzianum
ORGANISM        Trichothecium kashmeriana
              Eukaryota; Fungi; Dikarya; Ascomycota;
              Pezizomycotina; Sordariomycetes;
              Trichoderma:
              Hypocreomycetidae; Hypocreales;
              Hypocreaceae;

REFERENCE 1  (bases 1
  to   374)   AUTHORS
  Dar,R.A.
  TITLE ITS of Trichothecium kashmeriana
  JOURNAL
          Unpublished
REFERENCE 2 (bases 1
to 374)
  AUTHORS Dar,R.A.
  TITLE  Direct Submission
  JOURNAL Submitted (24-SEP-2015) Dept. of Botany,
          Dr. Harisingh Gour Central University,
          Sagar, Indiana 470003, India
COMMENT ##Assembly-Data-START##
          Sequencing Technology :: Sanger dideoxy sequencing
          ##Assembly-Data-END##
FEATURES
     Location/Qualifiers
     source      1..374
                 /organism=" Trichothecium kashmeriana "/mol_type="genomic DNA" /strain="220c"
                 /isolation_source= Pyrus malus /db_xref="taxon:5544" /country="India: Jammu and
                 Kashmir"/lat_lon="33.45 N 76.24 E"/collection_date="15-Mar-2015"
   misc RNA   <1..>374
                 /note="contains internal transcribed
                 spacer 1, 5.8S ribosomal RNA, and
                 internal transcribed spacer 2"
ORIGIN
        1 tcgcagcccc ggaccaaggc gcccgccgga ggaccaacca aaactcttat  tgtatacccc
       61 ctcgcgggtt tttttataat ctgagccttc tcggcgcctc tcgtaggcgt  ttcgaaaatg
      121 aatcaaaact ttcaacaacg gatctcttgg ttctggcatc gatgaagaac  gcagcgaaat
      181 gcgataagta atgtgaattg cagaattcag tgaatcatcg aatctttgaa  cgcacattgc
      241 gccgccagta ttctggcggg catgcctgtc cgagcgtcat ttcaaccctc  gaacccctcc
      301 gggggtcgg cgtggggat cggccctccc ttagcggggt ggccgtctcc  gaaatacagt
      361 ggcggtctcg ccgc
  //
```

2. *Sirosporium celtidis* KY656465

No outono de 2013, foi observada uma doença foliar na árvore ornamental resistente à poluição, *Celtis australis*, plantada em diferentes locais em Jammu e Caxemira. Os sintomas apareceram na parte inferior das superfícies foliares como manchas irregulares aveludadas avermelhadas a castanho-escuras, tornando-se mais tarde castanho-acinzentadas na superfície superior (**Figura 4.9**). Manchas foliares castanhas nas superfícies inferiores das folhas cobertas por micélio, conidióforos e conídios. Isolados de fungos recuperados diretamente das estruturas presentes nas lesões. Os atributos micotaxonómicos, tais como a septação micelial, a fixação dos conídios, o tamanho dos conídios e as ornamentações dos conídios, revelados por microscopia eletrónica de varrimento de feixe duplo e apoiados ainda pela sequenciação do rDNA do Espaçador Interno Transcrito (ITS), corresponderam à descrição de *Sirosporium celtidis_KY656465*, que foi descrito anteriormente na Sicília (Itália) em 1815. *Foi registada* em várias espécies de *Celtis* em países mediterrânicos, no Japão e nos EUA. O presente estudo é o primeiro relato desta doença em Jammu e Caxemira.

Observações fenotípicas

Colónias hipofílicas, efusivas, castanho-avermelhadas a castanho-escuras, aveludadas. Conidióforos erectos ou ascendentes, lisos e castanhos claros perto da base, frequentemente verrucosos e mais escuros no ápice. As culturas de fungos em PDA, bem como os fungos ligados ao hospedeiro nas folhas infectadas, foram examinados em MEV para mostrar a ligação entre o hospedeiro e o fungo, as dimensões dos conídios e o comprimento das hifas. A MEV revelou que os conídios correspondiam melhor à descrição de *Sirosporium* celtidis_KY656465 dada por Ellis (1971), - "conídios cilíndricos ou por vezes obclavados, frequentemente curvos ou enrolados, lisos, rugosos ou verrucosos, sub-hialinos a dourados ou castanho-avermelhados com 1-32 septos transversais e ocasionalmente 1-2 septos longitudinais ou oblíquos, ligeiramente apertados nos septos, 23- 160 (70 μm) de comprimento, 5-10 (6.8 μm) de espessura na parte mais larga, 2,5-5 μm de largura na base, que apresenta uma cicatriz pouco visível".

A maioria dos conídios do nosso material situa-se na gama de 16-145 μm (**Figura 4.10a, b, c, d, e & f**) *Sirosporium celtidis* já foi registado na Índia (Ellis, 1971). O presente registo é o primeiro relato desta doença em Jammu & Kashmir

Figura 4.9: Imagens do hospedeiro, *Celtis australis*, infetado com *Sirosporium celtidis_KY656465* e da sua cultura pura homogénea (PDA) incubada a 25-28° C durante 15-17 dias.

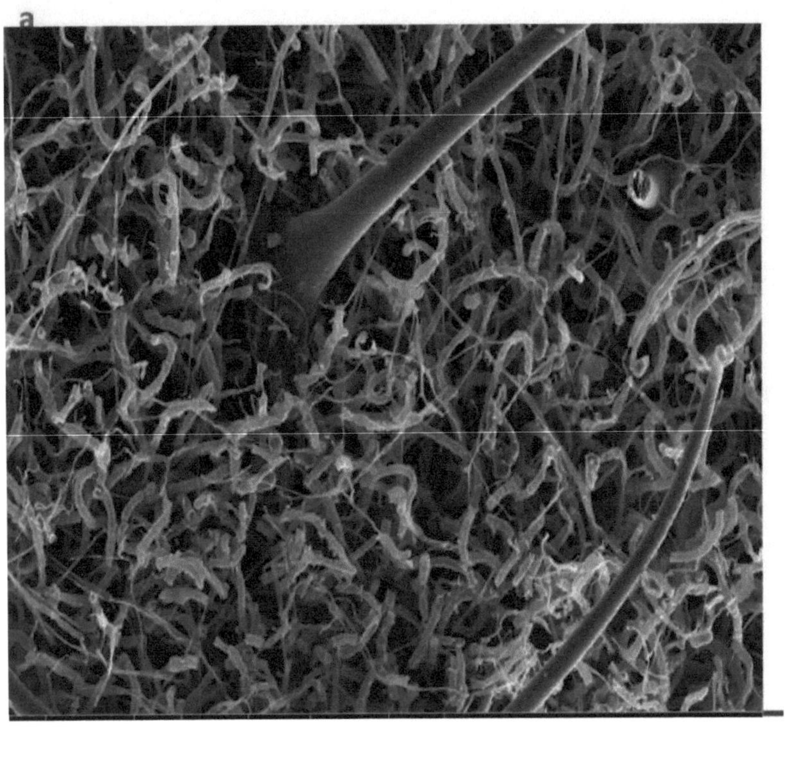

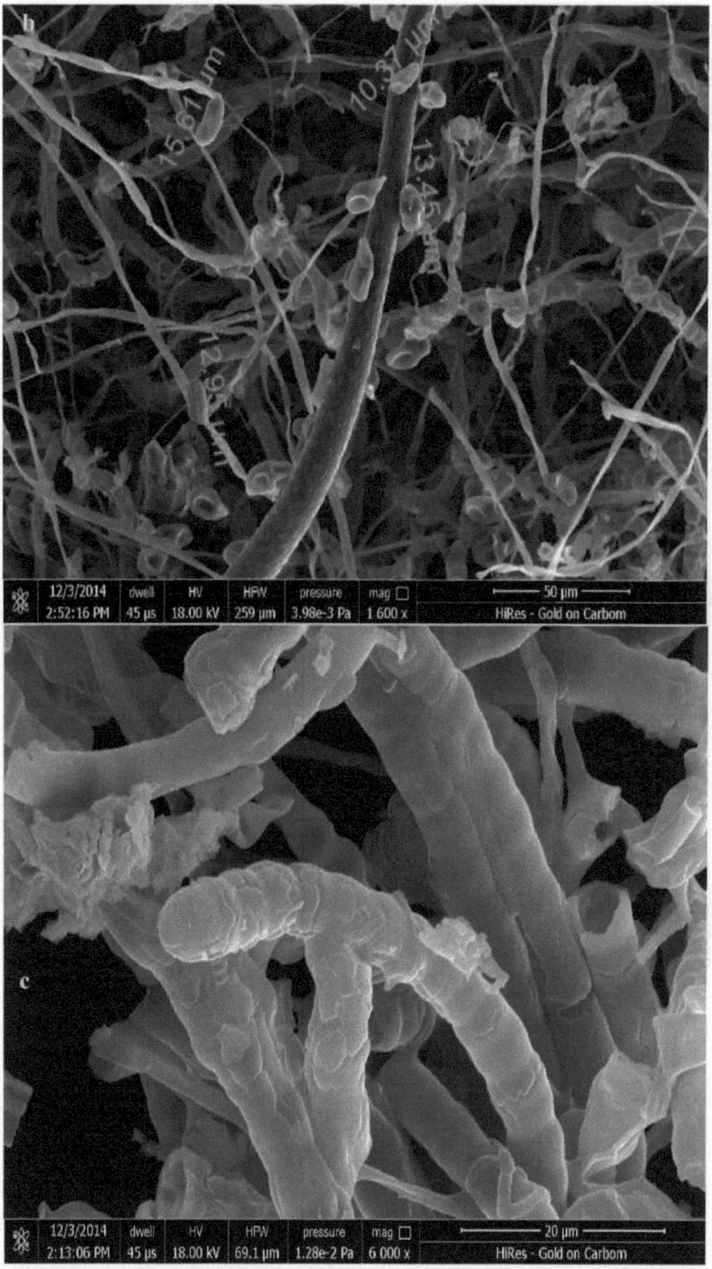
b
15.61 µm
10.37 µm
12/3/2014
2:52:16 PM
dwell
45 µs
HV
18.00 kV
HFW
259 µm
pressure
3.98e-3 Pa
mag
1 600 x
50 µm
HiRes - Gold on Carbom
c
12/3/2014
2:13:06 PM
dwell
45 µs
HV
18.00 kV
HFW
69.1 µm
pressure
1.28e-2 Pa
mag
6 000 x
20 µm
HiRes - Gold on Carbom

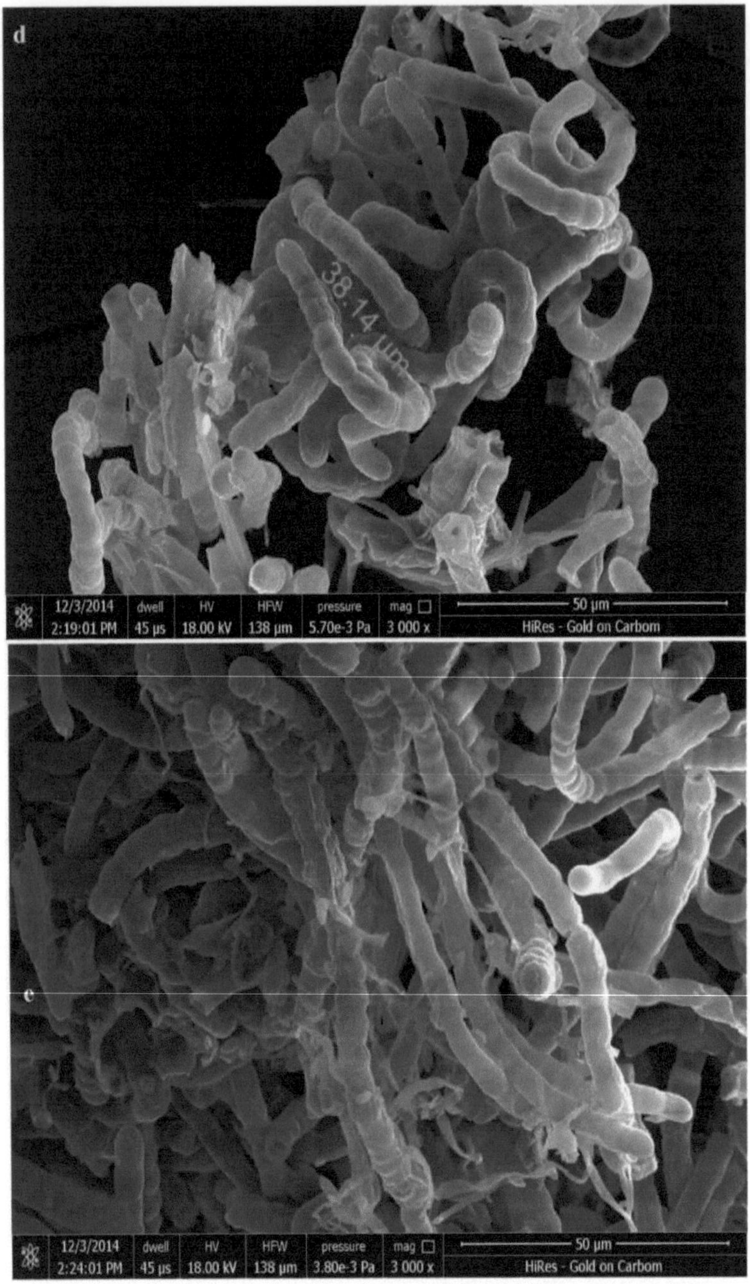
d
38.14 µm
12/3/2014 2:19:01 PM
dwell 45 µs
HV 18.00 kV
HFW 138 µm
pressure 5.70e-3 Pa
mag 3 000 x
50 µm
HiRes - Gold on Carbom
e
12/3/2014 2:24:01 PM
dwell 45 µs
HV 18.00 kV
HFW 138 µm
pressure 3.80e-3 Pa
mag 3 000 x
50 µm
HiRes - Gold on Carbom

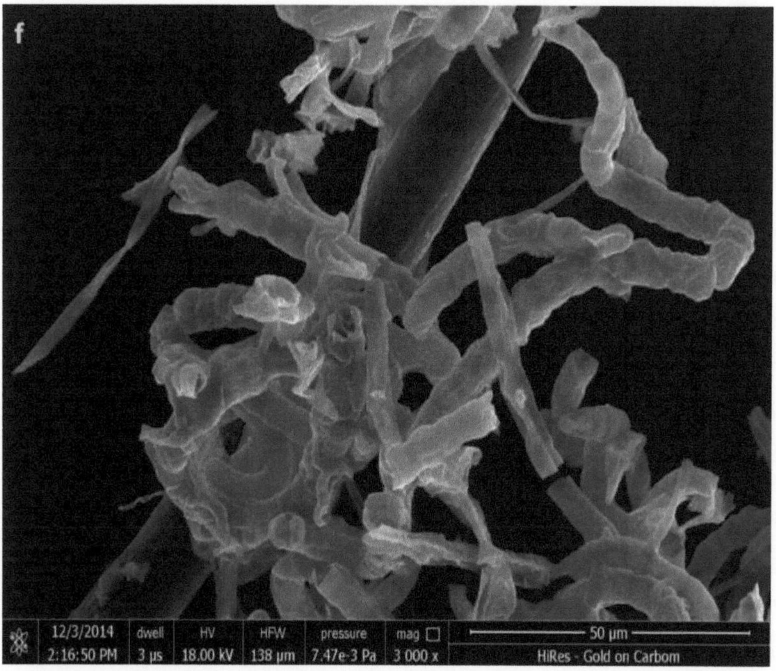

Figura 4.10: Imagens de Microscopia Eletrónica de Varrimento de *Sirosporium celtidis_KY656465*, ***a ef*** fixação do fungo hospedeiro a **800X** e **3000X** respetivamente, ***b*** tamanho médio dos conídios de 10,37µm a **1600X**. ***c*** diâmetro da ponta dos conídios, 5,560µm a **6000X**, ***d*** comprimento médio dos conidióforos 38,14µm a **3000X** e ***e*** grupo de conidióforos a **3000X.**

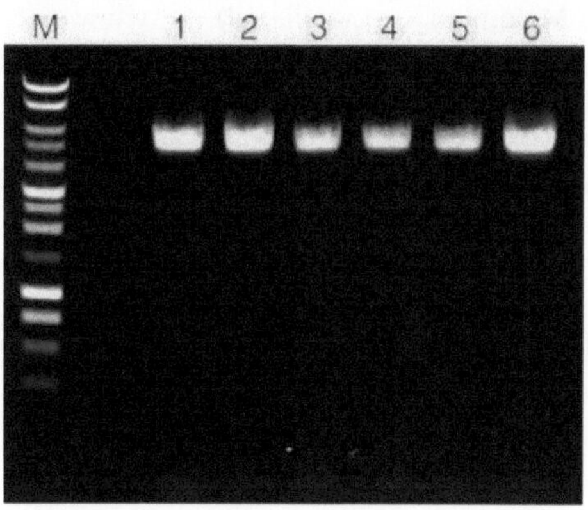

Figura 4.11: Padrão de bandas de ADN de 06 isolados contra o marcador M. Os primers ITSl e ITS4 foram utilizados para amplificar o gene ITS,

Observações genotípicas

Na análise molecular, os primers ITSl e ITS4 foram considerados mais compatíveis e apresentaram uma eficiência de amplificação máxima. As amostras amplificadas (**Figura 4.11**) foram sequenciadas bidireccionalmente no analisador genético ABI 3130. Os iniciadores foram concebidos manualmente na região 18S e 28S do ADN ribossómico conservado para amplificar as regiões ITSl- 5.8S- ITS2. Para o efeito, as sequências das espécies de *Sirosporium* foram obtidas a partir da base de dados NCBI GenBank (www.ncbi.nlm.nih. gov) e foram utilizadas para encontrar a homologia das sequências de consenso obtidas a partir de sequências múltiplas, com sequências já registadas presentes na base de dados de nucleótidos.

Um mínimo das 10 melhores correspondências BLAST baseadas nas nossas sequências de fungos e sequências de taxa fúngicos possivelmente relacionados foram alinhadas utilizando o programa filogenético MABL (Methodes et Algorithmes pour la Bio informatique Lirmm): Blast 2.2.15 (doc) para traçar a filogenia. O alinhamento foi inspeccionado de perto para garantir que não havia eventos de quimeras de PCR. As posições do alinhamento que apresentavam um elevado número de inserções e/ou deleções foram removidas. Foi utilizada uma versão em linha do PHYML (PHYlogenetic inferences using Maximum Likelihood) (www.atgc-montpellier.fr/phyml) para construir uma árvore de máxima verosimilhança (ML). A árvore foi subsequentemente testada com 1000 réplicas *O Sirosporium* celtidis_KY656465 divergiu do *Sirosporium diffusum* (KX344494.1), intimamente relacionado, em 1% (**Figura 4.12**)

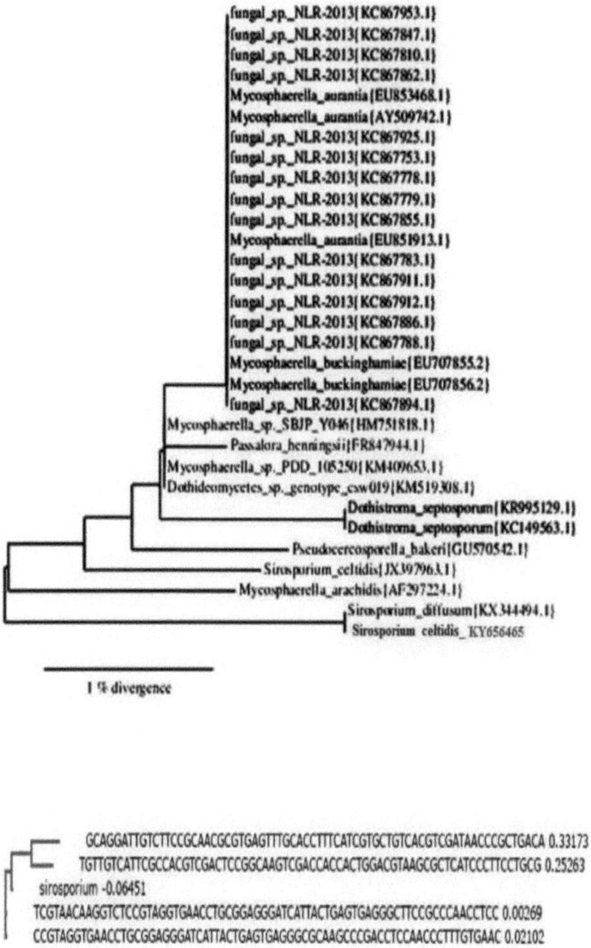

Figura 4.12: A árvore filogenética de Máxima Verosimilhança (www.atgc-montpellier.fr/phyml) em relação às 1000 réplicas mostra a divergência de 1% em relação ao *Sirosporium diffusum* (KX344494.1), que se encontra próximo.

3. *Venturia inaequalis* KY661360

A sarna, a doença mais mortal da macieira, é causada por *Venturia inaequalis* em Caxemira. A infeção aparece primeiro na parte inferior da folha e depois espalha-se também para as outras partes. As folhas jovens são mais susceptíveis à infeção do que as folhas maduras e velhas. Cerca de 30% da produção é reduzida nesta região devido a este agente patogénico.

Observação fenotípica

Inicialmente, os sintomas visíveis são manchas encharcadas de água do tamanho de uma cabeça de alfinete (**Figura 4.13**). Mais tarde, estas aumentam de tamanho e assumem um aspeto escuro e esfumado. Numa fase posterior, a pele rompe-se e o tecido exposto adquire um aspeto aveludado castanho ou preto. No vale de Caxemira, a libertação dos ascósporos começa no final de março e pode prolongar-se por várias semanas. As lesões formam-se devido ao agrupamento de conidióforos castanhos, erectos, com numerosos conídios. Os ascósporos constituem a principal fonte de infeção. Estes tornam-se activos logo que a primavera começa. O agente patogénico aumenta a sua biomassa e a infeção prossegue através de esporos assexuados denominados conídios. Morfologicamente, os esporos tinham uma forma caraterística de chama. No entanto, o tamanho dos esporos apresenta uma variação de 10-46 x 4-18 µm.

Observação genotípica

Após a quantificação do ADN por espetrofotometria, bem como por eletroforese em gel de agarose, as amostras são visualizadas num gel de agarose a 1,6%. O gel foi analisado para detetar a presença e a ausência de bandas de ADN. Os primers ITS3 (GCATCGATGAAGAACGCAGC) & ITS5 (GGAAGTAAAAGTCGTAACAAGG) foram seleccionados para amplificar o gene desejado (**Figura 4.14**). Os amplicons de PCR processados foram encaminhados para a reação de sequenciação cíclica utilizando o Big Dye® Terminator v.3.1 cycle sequencing. Na análise filogenética, o conjunto de dados combinados e particionados da região ITS foi utilizado para procurar a melhor árvore de máxima verosimilhança (ML) utilizando o programa bioinformático MABL (Methodes et Algorithmes pour la Bio informatique Lirmm) Phylogeny Blast 2.2.15 para traçar a filogenia. Árvore filogenética de máxima verosimilhança baseada em regiões ITS concatenadas de sequências de consenso estritas do rDNA de *Venturia inaequalis_KY661360* e outras linhagens de fungos utilizadas como grupos externos. Os ramos com < 50% de apoio bootstrap foram reduzidos a politomias e um ramo longo foi encurtado em 40%.

Os nós terminais assinalam sequências de consenso estritas com os números de acesso listados na base de dados GenBank de apoio. A barra de escala indica o número de substituições por sítio. *Venturia inaequalis_KY661360* divergiu de *Venturiapyrina* (AB430865.1), uma espécie estreitamente relacionada, em 4% (**Figura 4.15**)

Figura 4.13: Sintomas da sarna do *Pyrus malus* L. Cerca de 30% da produção é reduzida nesta região devido a esta doença.

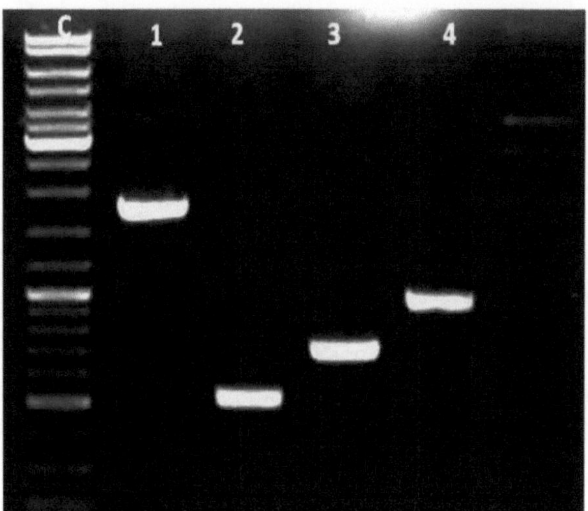

Figura 4.14: Reação de amplificação do gene ITS utilizando os iniciadores ITS3 (GCATCGATGAAGAACGCAGC) e ITS5 (GGAAGTAAAAGTCGTAACAAGG).

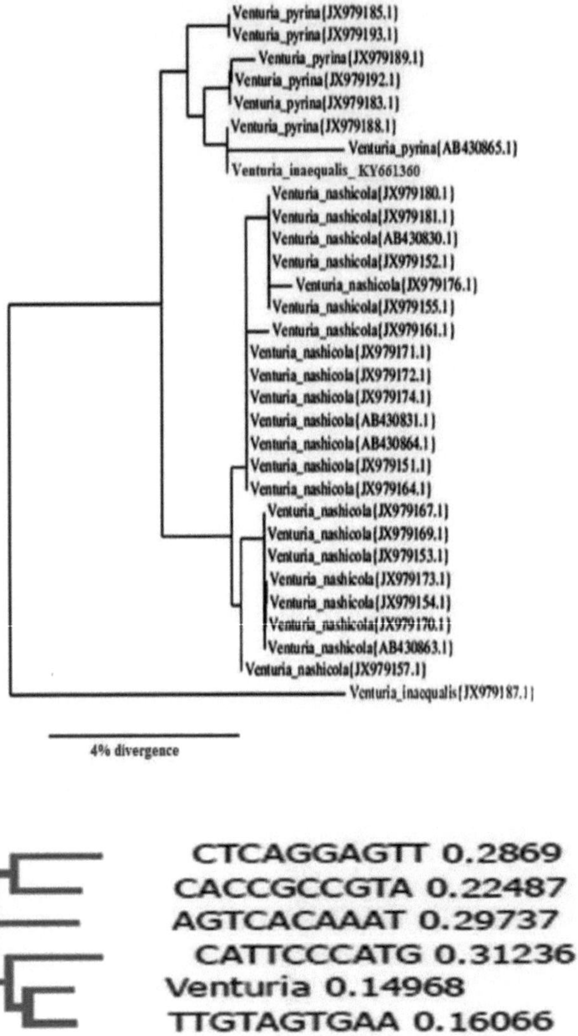

Figura 4.15: Árvore de junção de vizinhança de *Venturia inaequalis_KY661360* construída utilizando a pesquisa BLAST contra as dez melhores correspondências. Foi registada uma divergência de 4% em relação a *V._pyrina* (AB430865.1) e *V._pyrina* (JX979188.1) que se encontram em proximidade.

4. *Alternaria kashmeriana* sp.nov.

A mancha de cancro (regiões necróticas erosivas) de *Platanus* sp., causada pelo fungo *Ceratocystis platani,* uma doença letal, foi anteriormente registada nos Estados Unidos e na Europa. A doença resulta na coloração do xilema, na distração do movimento osmótico, em cancros e, finalmente, na morte da árvore. O primeiro registo da doença foi observado na Grécia em 2003, em plátanos orientais no sudoeste do Peloponeso. O presente estudo afirma que foi registada uma doença semelhante nas folhas de *Platanus orientalis* em Caxemira, onde o organismo causal é uma nova espécie de fungo, *Alternaria kashmeriana* sp.nov **(Figura 4.16)**. O fungo foi isolado (Koch, 1876) a partir de amostras de folhas infectadas de *Platanus orientalis* colhidas em diferentes locais, *nomeadamente no* Parque Nacional de Dachigam (04), em Baramulla (02), no Jardim Botânico (07), em Bandipora (07), em Pampore (05), em Pulwama (05) e em Awantipora (03) (**quadro 4.5**). A magnitude da infeção varia parabolicamente na região (**figura 4.17**).

Quadro 4.5: Locais seleccionados e estudados mostrando diferentes percentagens de ocorrência de *Alternaria kashmeriana* em diferentes locais na Índia.

Área inquirida	**N.º de plantas observadas**	**N.º de plantas infestadas**	**% de ocorrência de fungos**
Awantipora	14	03	0.21
Baramulla	12	02	0.16
Bandipora	23	07	0.23
Parque Nacional de Dachigam	17	04	0.23
Jardins botânicos de Srinagar	19	07	0.36
Pampore	16	05	0.31
Pulwama	09	01	0.11
Total	**110**	**29**	**0.26**

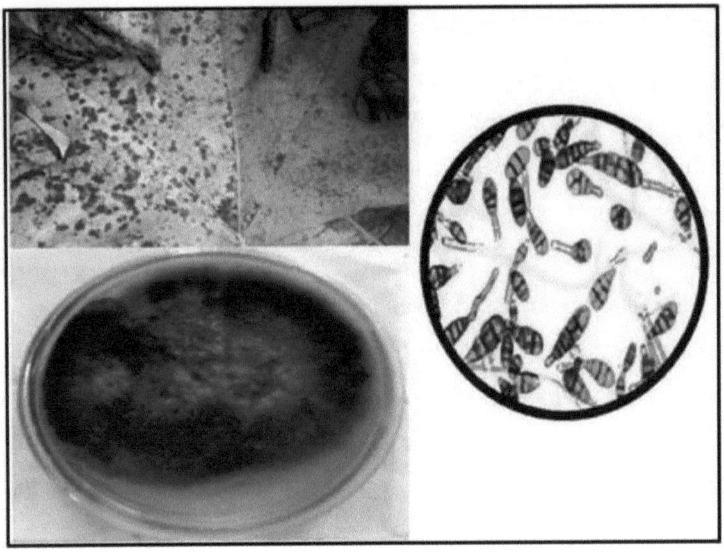

Figura 4.16: Cultura PDA homogénea de *A. kashmeriana* com 10 dias de idade, incubada a 22-28^0 C.

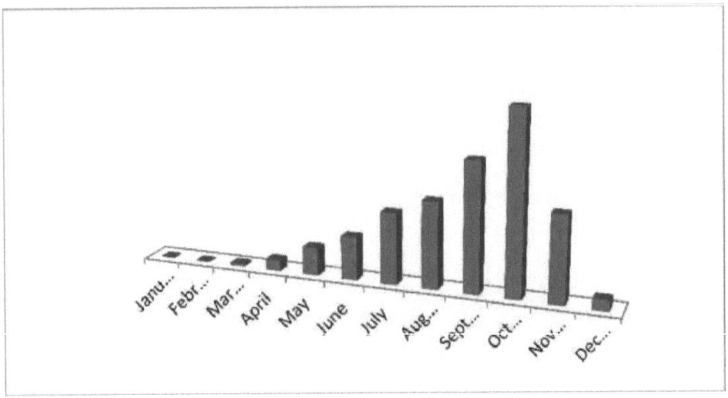

Figura 4.17: A magnitude da ocorrência de *A. kashmeriana* e a extensão da sua infeção mudam parabolicamente com as condições ambientais flutuantes em diferentes estações na área predominante.

Observações fenotípicas

Os sintomas aparecem nas superfícies inferiores das folhas como manchas irregulares castanho-escuras claras (como ferrugem), tornando-se mais tarde castanho-acinzentadas profundas na superfície superior. **As** colónias oliváceas de crescimento rápido, de cor preta a acinzentada, são do tipo camurça e flocosas. Microscopicamente, cadeias ramificadas acropetálicas (blastocatenadas) de conídios multicelulares (dictioconídios) são produzidas simpodialmente. Conídios obclavados, obpiriformes, por vezes ovóides ou elipsoidais com um bico cónico curto.

Observações genotípicas

Amplicões visualizados em gel de agarose a 1,5% (**Figura 4.18**). Estes amplicões foram encaminhados para a reação de sequenciação cíclica utilizando o BigDye® Terminator v.3.1 Cycle Sequencing Kit (Applied Biosystems, Inc.) com 16th dobras de diluição. Foi construída uma árvore filogenética de máxima verosimilhança utilizando o método de agrupamento UPMGMA (**Figura 4.19**), que reflecte as semelhanças das sequências das regiões ITS1 e ITS2 do rDNA dos isolados com outras espécies fúngicas relacionadas, obtidas a partir da base de dados NCBI GenBank. O segmento da linha inferior da árvore filogenética com o número numérico "0,5" representa a quantidade de alterações genéticas na região ITS dos isolados, em termos de valores de bootstrap de espécies aliadas de *Alternaria*. Os ramos que receberam < 70% de apoio bootstrap foram reduzidos a politómios e os ramos longos foram encurtados em 40%, o que é indicado por duas barras diagonais. Os valores de bootstrap são dados para ramos entre culturas, mas não dentro delas. O índice de semelhança calculado, os valores esperados (valores E) de diferentes resultados são apresentados graficamente na (**Figura 4.20**). O número de acesso NCBI GenBank **KT825857** (NCBI unique submission Id BankIt1858984) foi atribuído à sequência do gene ITS.

>*Alternaria kashmeriana*
TTCTCCGTAGGTGAACCTGCGGAGGGATCATTACACAAATATGAAGGCG
GGCTGGAACCTCTCGGGGTTACAGCCTTGCTGAATTATTCACCCTTGTC
TTTTGCGTACTTCTTGTTTCCTTGGTGGGTTCGCCCACCACTAGGACAA
ACATATAAACCTTTTGTAATTGCAATCAGCGTCAGTAACAAATTAATAA
TTACAACTTTCAACAACGGATCTCTTGGTTCTGGCATCGATGAAGAACG
CAGCGAAATGCGATAAGTAGTGTGAATTGCAGAATTCAGTGAATCATCG
AATCTTTGAACGCACATTGCGCCCTTTGGTATTCCAAAGGCATGCCTGT
TCGAGCGTCATTTGTACCCTCAAGCTTTGCTTGGTGTTGGGCGTCTTGT
CTCTAGCTTTGCTGGAGACTCGCCTTAAAGTAATTGGCAGCCGGCCTAC

TGGTTTCGGAGCGCAGCACAAGTCGCACTCTCTATCAGCAAAGGTCTAG
CATCCATTAAGCCTTTTTTTCAACTTTTGACCTCGGATCAGGTAGGGAT
ACCCGCTGAACTTAAGCATATCAATAAGCGGA

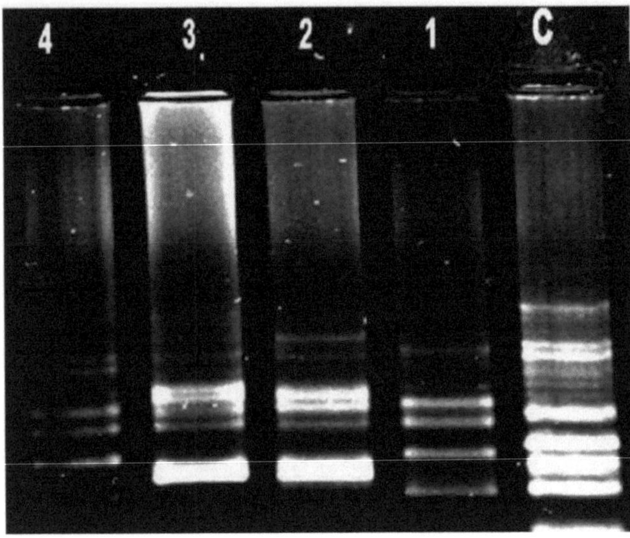

Figura 4.18: Variação do tamanho dos fragmentos de rDNA de *Alternaria kashmeriana* **KT825857** e de diferentes isolados *de Alternaria* utilizando primers ITS-I e ITS-4 concebidos a partir da sequência comum a ITSl e ITS2.

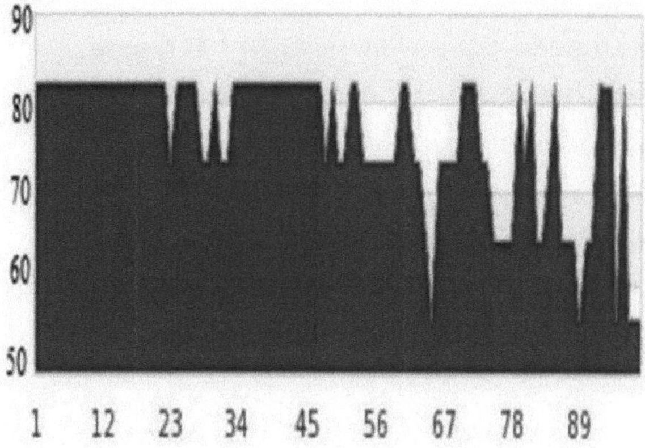

Figura 4.20: Resumo do valor E: As pontuações indicam o grau de semelhança entre a sequência de consulta e os resultados

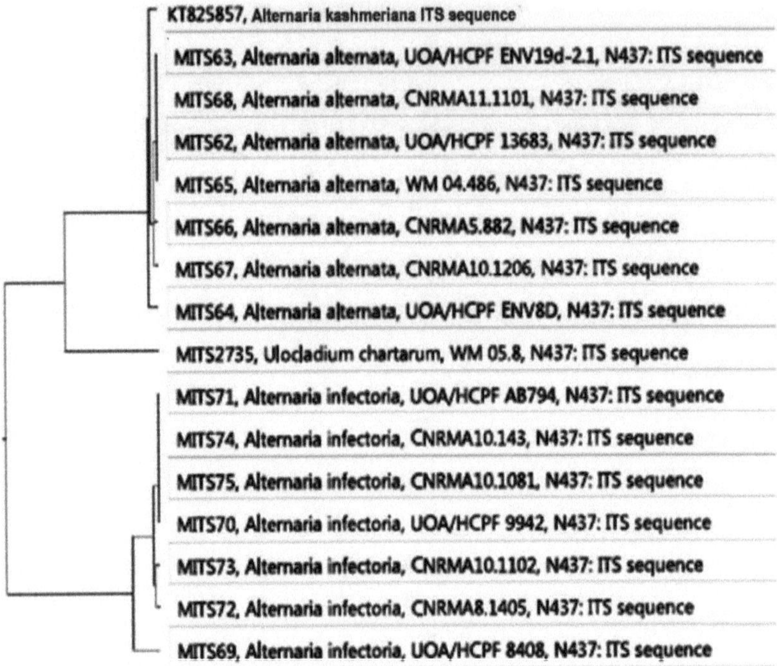

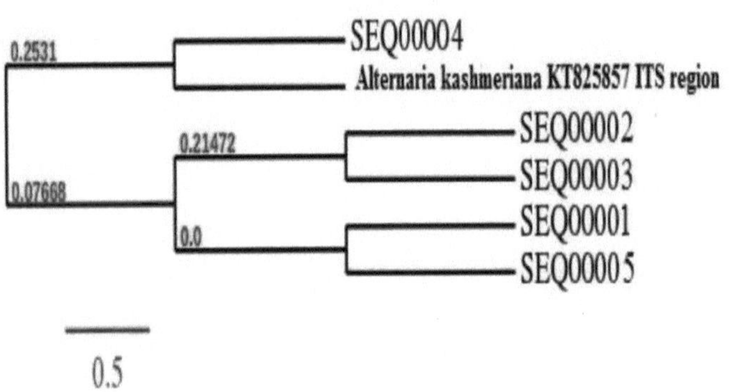

Figura 4.19: Árvore filogenética de máxima verosimilhança baseada nas variantes da sequência de rDNA da subunidade pequena - espaçador interno transcrito - subunidade grande (SSU-ITS-LSU) de *A. kashmeriana* com as correspondências de sequências estreitamente relacionadas construídas por UPMGMA. A barra de escala indica o número de substituições por sítio e o número "0,5" indica o comprimento do ramo que representa uma quantidade de alteração genética.

5. *Meliola mangiferae* KY623717

As espécies de *Meliola* são parasitas biotróficos obrigatórios que se encontram superficialmente nas partes aéreas das plantas vasculares. São vulgarmente conhecidas como míldio negro ou escuro.

Observações fenotípicas

Foram observados sintomas negros escuros na parte inferior das superfícies foliares em *Populas alba* no sul de Caxemira. Nos últimos estádios de desenvolvimento, a infeção cobre toda a superfície, o que resulta no colapso da folha (**figura 4.21**). Colónias anfígenas minúsculas e negras, na sua maioria epífilas, inicialmente dispersas mas tornando-se confluentes com a idade, densas, com 1-6 mm de diâmetro. Hifas castanho-escuras, septadas, rectas a sub-rectas, com apressórios. Peritécios castanhos, globosos, dispersos, pretos, 102-127 μm de diâmetro. Ascósporos hialinos no interior do ascus, tornando-se cinzentos ou castanhos com a idade, castanhos escuros ou cinzentos na maturidade, cilíndricos a elipsóides, arredondados nas pontas, 4-septados, apertados nos septos.

Observações genotípicas

Os produtos da PCR foram analisados em gel de eletroforese de agarose a 2% (**figura 4.22**). Os primers (5 -ACCCGCTGAACTTAAGC-3") e ('5 TCCTGAGGGAAACTTCG-3') foram utilizados para amplificar as regiões ITS parciais. Para a análise filogenética, as sequências ITS rDNA de outras espécies foram obtidas no GenBank. A árvore filogenética baseada em regiões ITS concatenadas de sequências de consenso estritas de rDNA de *Meliola mangiferae*_ KY623717 e outras linhagens de fungos usadas como grupos externos. As regiões de consenso foram comparadas com a base de dados GenBank utilizando o programa Mega BLAST. As sequências mais próximas e os representantes das espécies de *Meliola* seleccionadas foram obtidos a partir do GenBank (http://www.ncbi.nlm.nih.gov/) para ajudar a clarificar a relação filogenética dos Meliolales dentro da classe. Todas as sequências foram descarregadas em formato FASTA e alinhadas utilizando o programa de alinhamento de sequências múltiplas MUSCLE construído em PHYML (Phylogenetic Inferences using Maximum Likelihood). Os alinhamentos foram verificados e foram efectuados os ajustes manuais necessários. Todas as regiões ambiguamente alinhadas no conjunto de dados foram excluídas da análise. As lacunas (inserções/deleções) foram tratadas como dados ausentes. Os ramos com < 30% de apoio bootstrap foram reduzidos a politomias e um ramo longo foi encurtado em 50%. Os nós terminais marcaram sequências de consenso estritas com os números de acesso listados na base de dados GenBank de apoio. A barra de escala indica o número de substituições por sítio. Ao interpretar a árvore, verificou-se que *Meliola mangiferae_* KY623717 divergiu de *Meliola centellae* (KC252606.1) e *Meliola centellae* (NR_137799.1), intimamente relacionadas, em 2% sob ambiente geográfico distinto (**Figura 4.23**). O alinhamento resultante foi depositado na base de dados NCBI (número de acesso **KY623717**).

Figura 4.21: Isolados infectados *de Populas alba* mostrando os sintomas *de Meliola mangiferae_* KY623717. Identificação morfológica regida por desenhos de câmara lúcida com tamanho médio de conídios de 12,23µm.

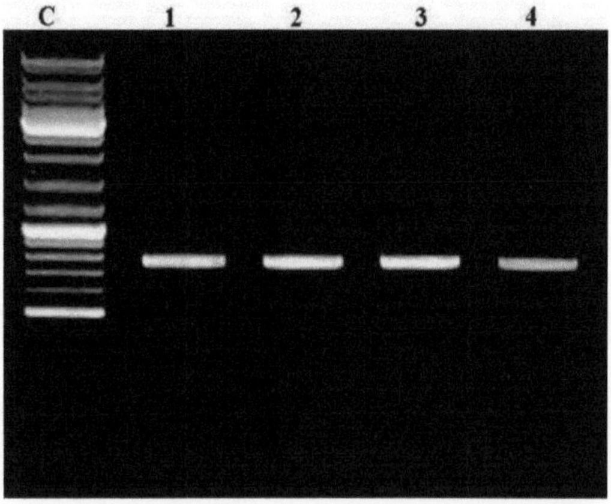

Figura 4.22: Produtos de PCR de ADN fúngico de cultura pura após amplificação com primers (5' - ACCCGCTGAACTTAAGC-3') e (5 -TCCTGAGGGAAACTTCG-3").

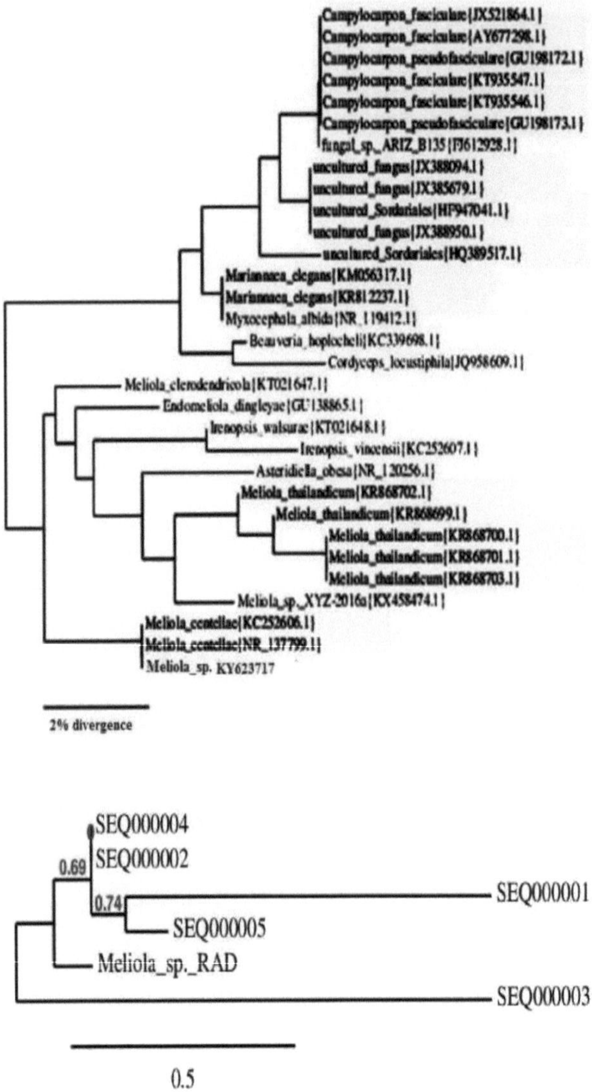

Figura 4.23: Árvore de máxima verosimilhança da espécie *Meliola mangiferae_* KY623717 a partir do conjunto completo de dados combinados extraídos da base de dados NCBI. Os números acima dos ramos representam a proporção de bootstrap

6. *Colletotrichum Iillacola* sp.nov.

Em meados de setembro de 2015, durante as prospecções micológicas nas florestas da Caxemira do Sul, 33^0 36'43 "N 75^0 26'6 "E, foram observados sintomas de antracnose nas amostras recolhidas das 41 plantas infectadas de *Bergenia Iigulata* Wall ao longo das cadeias montanhosas dos Himalaias da Índia, em diferentes locais, *viz*. Ramban (12 isolados), Banihal (10), Kupwara (13), Srinagar (15) e Shopian (05) (**quadro 4.6**). As manchas brancas, ovais e afundadas nas folhas de *Bergenia igulata* foram detectadas nas primeiras fases de desenvolvimento vegetativo, resultando eventualmente em torção (antracnose) e descoloração das folhas (**figura 4.24**). As porções escuras e zonadas gravemente infectadas resultam em sintomas de morte que, finalmente, levam ao colapso da planta. *A Bergenia ligulata,* uma erva suculenta perene que cresce até 50 cm de altura, é encontrada no Sul e no Leste da Ásia. Na Índia, cresce a grandes altitudes nos Himalaias temperados, geralmente em zonas rochosas e no vale de Caxemira, onde é popularmente conhecida como *Paashaanbhed* (que significa "dissolver a pedra"). O agente patogénico está a ter um efeito letal dramático nas populações naturais de *Bergenia ligulata* na Índia e devem ser impostas medidas de confinamento sólidas para restringir a sua propagação em toda a área natural deste hospedeiro precioso do ponto de vista ecológico, económico e farmacológico.

O ciclo de vida dos agentes patogénicos flutua de acordo com as flutuações das condições ambientais. Durante as estações frias, especialmente durante os períodos de neve (dezembro-março), a ocorrência de fungos é quase nula, mas com o início de condições favoráveis (maio-outubro) cresce linearmente, especialmente no mês de outubro, que pode ser considerado a sua época de pico de crescimento. Depois disso, a progressão do crescimento do fungo diminui novamente e todo o ciclo se repete (**Figura 4.25**).

Quadro 4.6: Locais seleccionados e estudados mostrando diferentes percentagens de ocorrência de *C. Iillacola* sp.nov. em diferentes locais na Índia.

Área inquirida	N.º de plantas	N.º de plantas	% de ocorrência de

	observadas	infestadas	fungos
Ramban	42	12	0.28
Banihal	33	10	0.30
Kupwara	43	13	0.30
Srinagar	45	15	0.34
Shopian	16	05	0.31
Total	**179**	**55**	**0.31**

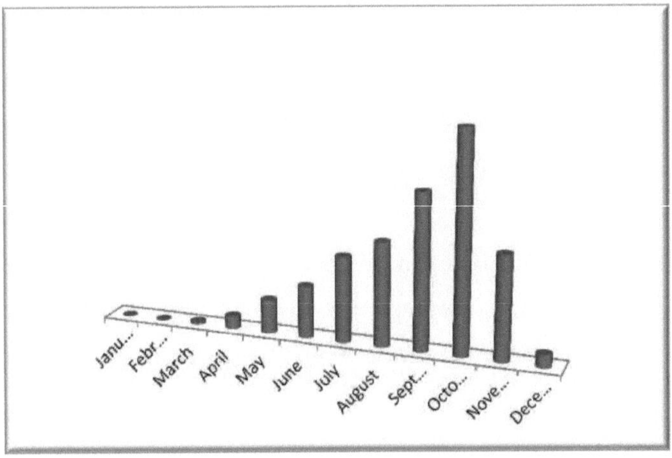

Figura 4.25: A magnitude da ocorrência de *C. lillacola* e a extensão da sua infeção mudam parabolicamente. O outono, quando começa a desfoliação, marca a época de pico da infeção, que começa a diminuir à medida que as temperaturas descem.

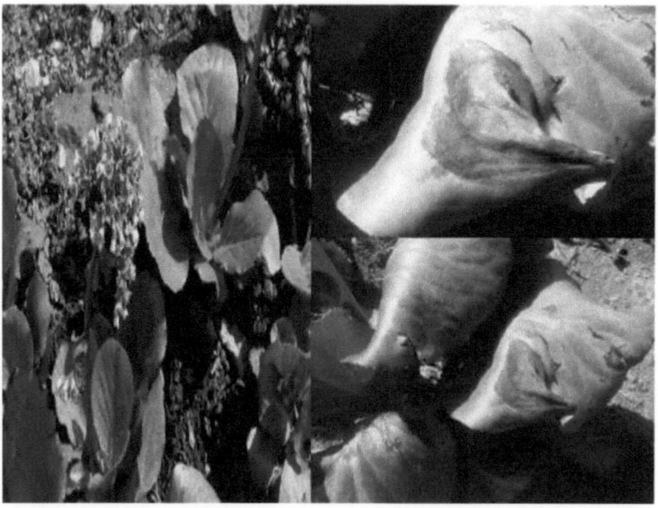

Figura 4.24: Sintomatologia da folha de *Bergenia ligulata* infetada com *Colletotrichum Iillacola,* mostrando as manchas irregulares brancas, ovais e afundadas, que mais tarde se tornam castanho-acinzentadas com a idade e acabam por levar ao colapso.

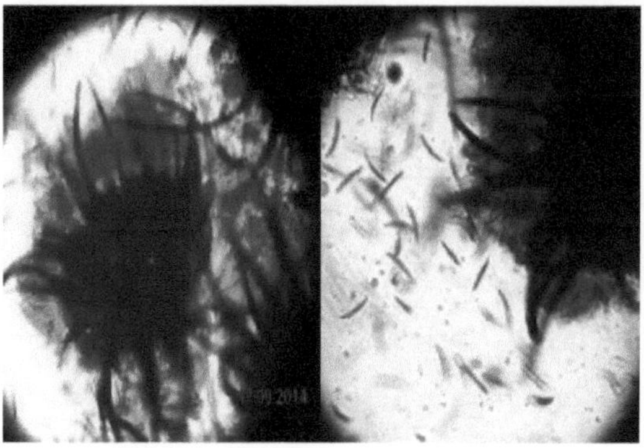

Figura 4.26: Imagens microscópicas de *Colletotrichum lillacola* coradas com azul de algodão de lactofenol tiradas a diferentes resoluções, 10X, 40X e IOOX, mostrando as características morfológicas preliminares do corpo de frutificação do fungo e conídios em forma de foice.

Observações fenotípicas

A microscopia revelou diferentes características morfológicas, *nomeadamente* o comprimento das hifas, a ligação entre o fungo e o hospedeiro, as dimensões dos conídios, etc. O micélio é superficial, ramificado, septado e hialino a castanho escuro. As colónias têm um crescimento moderadamente rápido e são planas. *C. Iillacola* produz conídios hialinos, asseptados, retos, lisos e cilíndricos (variando de 6,5-10,5 x 2,5-4 μm), com extremidades atenuadas ou pontiagudas. As células conidiogénicas são hialinas fialídicas e cilíndricas. Os apressórios são castanhos claros a médios, clavados a obovados com margens lisas e suportados por hifas indiferenciadas. O tamanho das cerdas varia de 42 x 4,2 μm, são castanho-escuras, com paredes espessas, cónicas e geralmente asseptadas (**Figura 4. 26**). Todas estas classificações micotaxonómicas correspondem à descrição de espécies de *Colletotrichum* em geral (Leandro, *et al*., 2002)

Observações genotípicas

Tampão de extração CTAB utilizado para extrair o ADN. Os primers ITSl (TCCGTAGGTGAACCTGCGG) e ITS4 (TCCTCCGCTTATTGATATGC) foram utilizados para amplificar o gene ITS. Os amplificadores foram visualizados num gel de agarose a 2,5% (**Figura 4.27**). A sequência ITS foi BLAST usando a base de dados http√www.ncbi.nlm.nih.gov para renderizar as semelhanças de espécies. Árvore filogenética (árvore de junção vizinha) construída usando o método de agrupamento UPMGMA (Statistics on BioloMICS Ward's minimum variance (tree: Coef. Corr.: 0.13263 N obs: 1128.00000 DF: 1127.00000 T-value: 4.49218 ND P: 0.415813 D P:0.831627 OTUs na árvore: 48) mostrando a relação dos isolados com outras espécies fúngicas relacionadas recuperadas do GenBank com base na sua sequência das regiões ITS1 e ITS2 do rDNA e valores estatísticos de relação dados por bootstrapping (amostragem aleatória com substituição) utilizando o programa bioinformático phylogeny.lirmm.fr. O segmento da linha inferior com o número numérico '0,5' reflecte o comprimento do ramo que representa uma quantidade de mudança genética **(Figura 4. 28a & b)**. O comprimento de um ramo flutua proporcionalmente às diferenças de nucleótidos, e os números indicados nos respectivos ramos reflectem as percentagens de frequências com que um determinado ramo apareceu em diferentes 100 replicações bootstrap

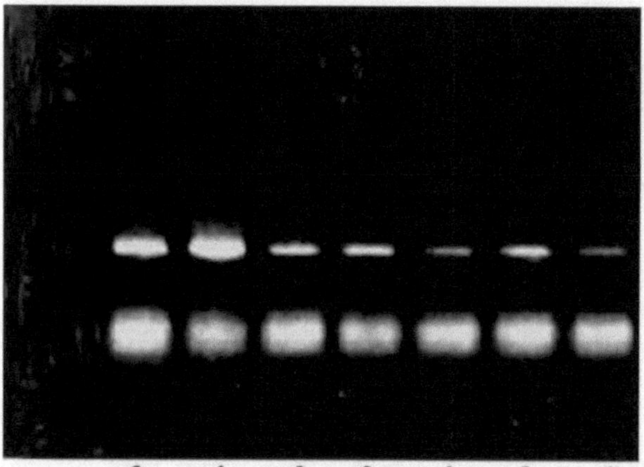

Figura 4.27: ADN ribossómico amplificado pelo Random Amplified Polymorphic DNA (RAPD) utilizando primers ITSl e ITS4 concebidos a partir da sequência comum às regiões ITSl e ITS2, optimizando as condições de PCR. Variação do tamanho dos fragmentos de ADNr dos diferentes isolados.

Números de acesso da sequência nucleotídica

O número de acesso ao GenBank para a sequência abaixo indicada do produto da região ITS amplificado com os iniciadores ITSl e ITS4 do isolado 70a de *Colletotrichum lillacola* (NCBI unique submission Id BankItl858963) foi atribuído ao número de acesso NCBI GenBank **KT825856**.

> ***Colletotrichum lillacola***

TTTCCTCCGCTTATTGATATGCTTAAGTTCAGCGGGTATTCCTACCTGATCCGAGGTCAAC
CTTAGTAAAATTGGGGGTTTTACGGCTAGAGTCCCTCCGAATCCCAATGCGAGACGAAAT
GTTACTACGCAAAGGAGGCTCCGAGAGGGTCCGCCACTACCTTTAAGGGCCTACGTCAAC
CGTAGAGCCCCAACACCAAGCAGAGCTTGAGGGTTGAAATGACGCTCGAACAGGCATGC
CCGCCAGAATGCTGGCGGGCGCAATGTGCGTTCAAAGATTCGATGATTCACTGAATTCTG
CAATTCACATTACTTATCGCATTTCGCTGCGTTCTTCATCGATGCCAGAACCAAGAGATCC
GTTGTTAAAAGTTTTGATTATTTGCTTGTGTCACTCAGAAGAAACGTCGTTAAATCAGAGT
TTGGTTATCCTCCGGCGGGCGCCCCACCCGCGGACGGGAGAGGGCCGGAGACGTCCTTTT
TAGGGGACGCCTACCCGCCGAAGCAACAGTTAAGGTATGTTCACAAAGGGTTGATGAGC
GGTAACTCAGTAATGATCCCTCCGCAGGT TCACCTACGGAG

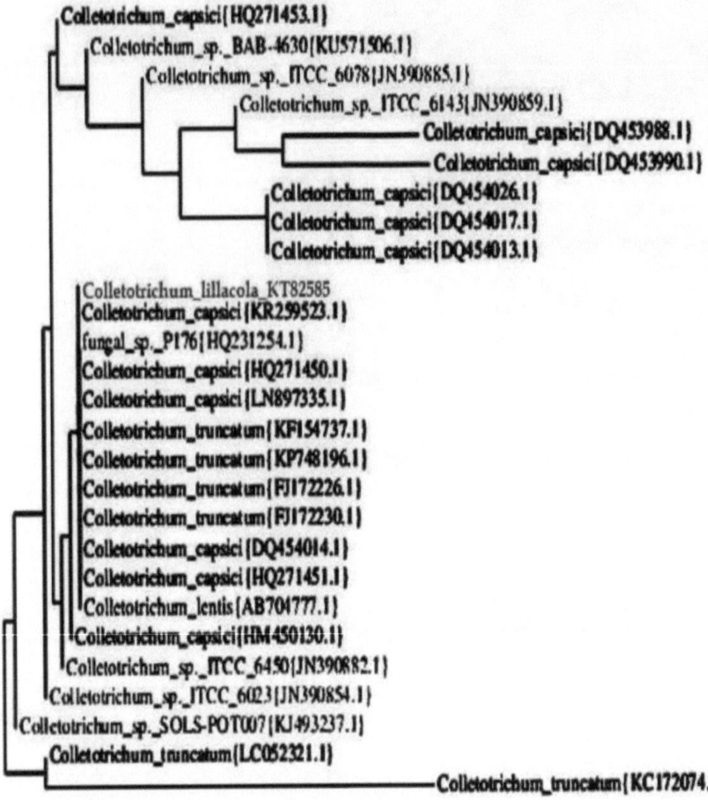

Figura 4.28a: Árvore filogenética (árvore de junção de vizinhos) construída utilizando o método de agrupamento UPMGMA que mostra a relação dos isolados com outras espécies fúngicas relacionadas recuperadas do GenBank com base na sua sequência das regiões ITSl e ITS2 do rDNA. Estatísticas sobre a árvore de variância mínima de Ward do BioloMICS: Coef. Corr.: 0.l3263 N obs.: ll28.00000 DF: ll27.00000 Valor T: 4.492l8 NDP: 0.4l58l3D P: 0.83l627 OTUs na árvore: 48.

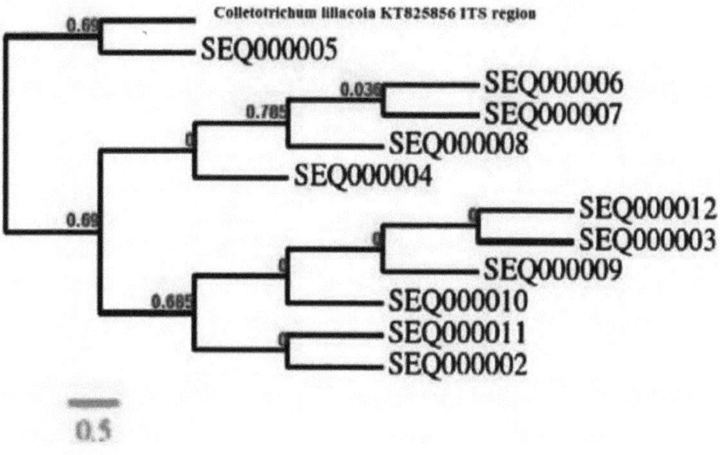

Figura 4.28b: Os ramos que receberam < 60% de apoio bootstrap foram colapsados em politomias, e os ramos longos foram encurtados em 50%, o que é indicado com duas barras diagonais. Os valores de bootstrap são dados para ramos entre culturas, mas não dentro delas. A barra de escala indica o número de substituições por local e o número '0,5' mostra o comprimento do ramo que representa uma quantidade de alteração genética de 0,5, indicada pela linha verde na parte inferior.

SEQ000005 = *Myrmecridium schulzeri*, PWQ2293, N437: Sequência ITS

SEQ000006 = *Colletotrichum graminicola*, região ITS; de material TIPO, CBS 130836

SEQ000007 =*Fusarium oxysporum*, UOA/HCPF 14165, N437: Sequência ITS

SEQ000008 =*Fusarium oxysporum*, WM 07.277, N437: Sequência ITS

SEQ000004 = *Colletotrichum truncatum*, região ITS; de material TIPO, CBS 151.35

SEQ000012 = *Phialemonium atrogriseum*, FMR 10386, N437: Sequência ITS

SEQ000003 =*Fusarium Verticillioides*, IHEM 22452, N437: Sequência ITS

SEQ000009 = *Colletotrichum dematium*, região ITS; de material TIPO, CBS 125.25, N

SEQ000010 = *Colletotrichum coccodes*, região ITS; de material TIPO, CBS 369.75, N

SEQ000011 =*Fusarium Verticillioides*, IHEM 22767, N437: Sequência ITS

SEQ000002 = *Fusarium sporotrichioides*, UOA/HCPF 6G, N437: Sequência ITS

Pontuação BLAST (resumo do valor E) - Índice de semelhança

O valor E ou os valores Expect são apresentados na **(Figura 4. 29a & 4. 29b)**

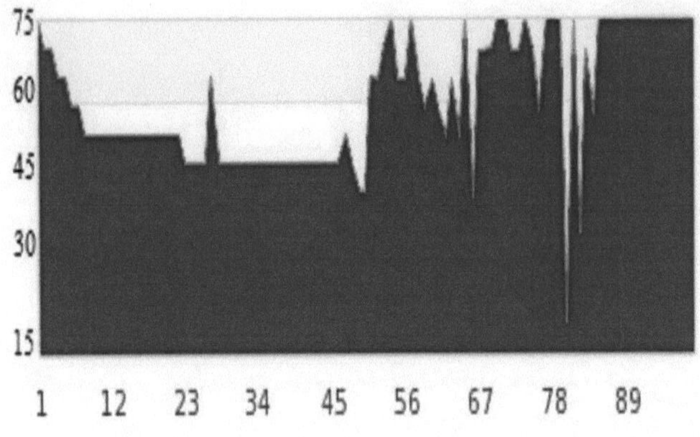

Figura 4.29(a): As pontuações indicam o grau de semelhança entre a sequência de consulta e os hits.

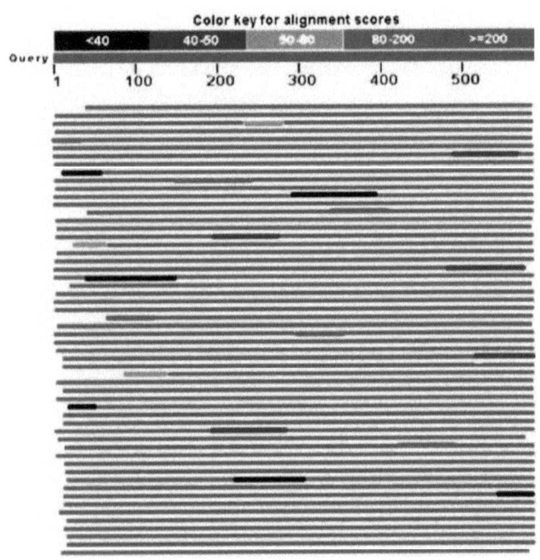

Figura 4.29(b): Pontuação do alinhamento BLAST

Dados GenBank

***C[ol] Ietotrichum lillacola*s p. 70a Gene do ARN ribossómico 18S, sequência parcial; espaçador interno transcrito 1, gene do ARN ribossómico 5.8S e espaçador interno transcrito 2, sequência completa; e gene do ARN ribossómico 28S, sequência parcial**

GenBank: KT825856.1

FASTA Graphics

LOCUS KT825856 583 bp DNA linear PLN 08-MAR-2016
DEFINITION *Colletotrichum* sp. 70a 18S ribosomal RNA gene, partial internal transcribed spacer 1, 5.8S ribosomal RNA gene, and internal transcribed spacer 2, complete sequence; and 28S ribosomal RNA gene, partial sequence.

ACCESSION KT825856

VERSION KT825856.1
GI:1002677723 KEYWORD
SOURCE Colletotrichum sp. 70a ORGANISM
Colletotrichum 70a
Eukaryota;
Dikarya; Asc
Pezizomycotina;
Sordariomycetes;
Hypocreomycetidae;
Glomerellales;
Glomerellaceae;
Colletotrichum.

REFERENCE 1
(bases 1 to 583)
AUTHORS Dar,R.A.

TITLE ITS Sequence of Colletotricum
Unpublished

REFERENCE 2
(bases 1 to 583)
AUTHORS
Dar,R.A.

TITLE Direct Submission

JOURNAL Submitted (24-SEP-2015) Dept. of Botany, Dr. Harisingh Gour Central University, Sagar, Indiana 470003, India

COMMENT ##Assembly-Data-START##Sequencing Technology :: Sanger dideoxy sequencing##Assembly-Data-END##

FEATURES
Location/Qualifiers rce
1..583/organism="Colletotrichum sp. 70a"/mol_type="genomic DNA"/strain="70a"/isolation_source="leaf"/host= *Bergenia ligulata*/db_xref="taxon:1805484"/country="India: Jammu Kashmir"/lat_lon="33.45 N 76

```
E"/collection_date="15-
Mar-2014"        misc_RNA
          <1..>583/not
e="contains          18S
ribosomal            NA,
internal             bed
spacer    1,        5.8S
ribosomal           RNA,
internal             bed
spacer  2,   and     28S
ribosomal           RNA"

ORIGIN
        1 ctccgtaggt gaacctgcgg agggatcatt actgagttac cgctcatcaa  ccctttgtga
       61 acatacctta actgttgctt cggcgggtag gcgtccccta aaaaggacgt  ctcccggccc
      121 tctcccgtcc gcgggtgggg cgcccgccgg aggataacca aactctgatt
      181 tcttctgagt gacacaagca aataatcaaa acttttaaca acggatctct
      241 atcgatgaag aacgcagcga aatgcgataa gtaatgtgaa ttgcagaatt
      301 tcgaatcttt gaacgcacat tgcgcccgcc agcattctgg cgggcatgcc
      361 tcatttcaac cctcaagctc tgcttggtgt tggggctcta cggttgacgt
      421 aggtagtggc ggaccctctc ggagcctcct ttgcgtagta acatttcgtc  tcgcattggg
      481 attcggaggg actctagccg taaaaccccc aattttacta aggttgacct
      541 aggaataccc gctgaactta agcatatcaa taagcggagg aaa
   //
```

7. *Stigmina carpophila* KY661359

Durante o final do verão de 2015, foi observado um padrão de manchas de infeção em diferentes variedades de *Prunus armeniaca* L. (alperce) e *Prunus persica* L. (pêssego) em diferentes locais de Jammu e Caxemira (*viz.* Dooru, Anantnag, Shopian e Pahalgam). Morfologicamente, as manchas castanhas escuras nas folhas e nos frutos eram hologénicas, dispersas por toda a superfície, arredondadas a irregulares, alargadas e coalescentes, resultando numa desfolha prematura (**Figura 4.30**). A doença tornou-se cada vez mais grave com a descida da temperatura de novembro a janeiro (períodos de neve e de chuva em Caxemira).

Observações fenotípicas

Manchas predominantemente hipógenas, frequentemente não se estendendo através da lâmina, castanho-escuras, com um centro esbranquiçado e margem clorótica, irregularmente circulares, separadas, 2,48µm de diâmetro. O tecido foliar afetado apresenta menos cloroplastos do que o tecido normal. Micélio interno, conídios produzidos individualmente em conidióforos a partir de fascículos que se projectam através dos estomas, incolores a castanho claro, ramificados, septados e lisos. Numerosos esporodóquios produzidos na superfície superior da folha. Conidióforos rectilíneos, castanho-claros, com forma de bacilo. Células conidiogénicas que surgem dos estromas, doliiformes a cilíndricas, discretas, proliferações verrucosas, integradas, cicatrizes achatadas, imperceptíveis. Conídios cilíndricos obclavados, castanhos claros a escuros, 4-8 septos transversais, raramente com um septo vertical ou oblíquo, lisos, ápice arredondado-obtuso (**Figuras 4.31a, b, c, d & e**).

Figura 4.30: Imagens dos hospedeiros, *Prunus armeniaca* e *Prunus persica,* infectados com *Stigmina carpophila*_ KY661359.

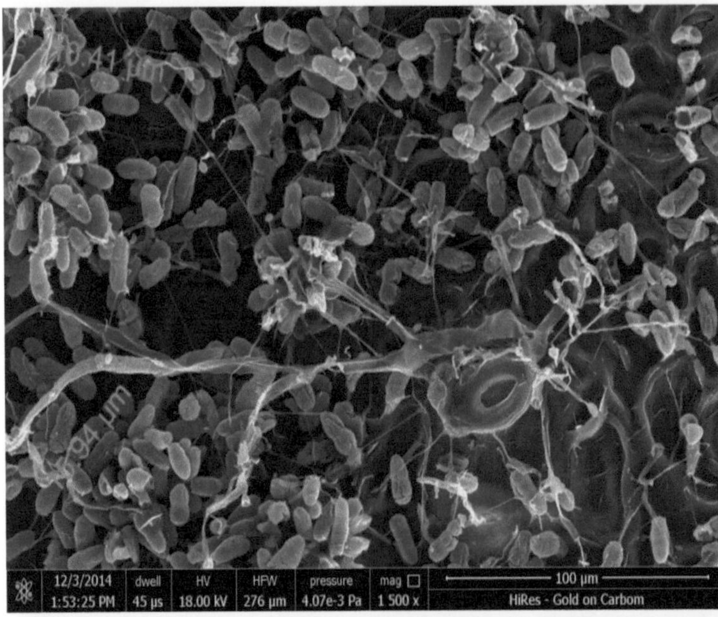
12/3/2014
1:53:25 PM
dwell
45 µs
HV
18.00 kV
HFW
276 µm
pressure
4.07e-3 Pa
mag
1 500 x
100 µm
HiRes - Gold on Carbom

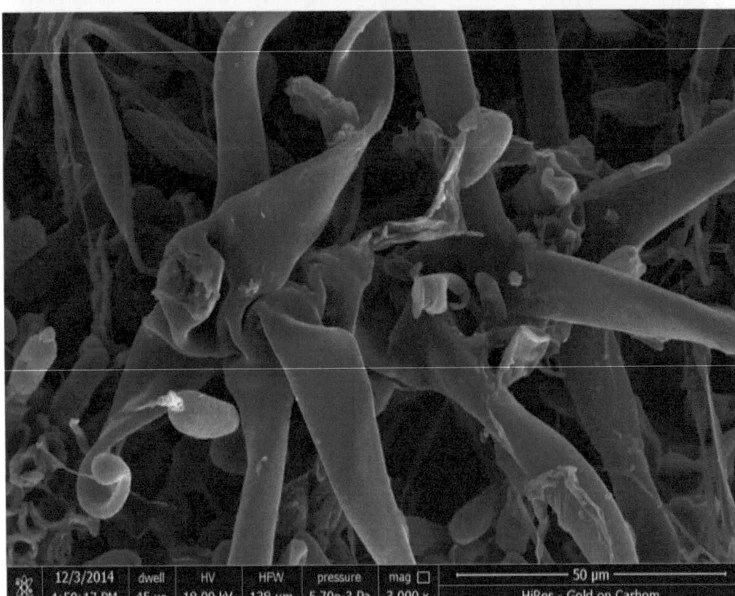
12/3/2014
1:50:17 PM
dwell
45 µs
HV
18.00 kV
HFW
138 µm
pressure
5.70e-3 Pa
mag
3 000 x
50 µm
HiRes - Gold on Carbom

12/3/2014
1:45:55 PM
dwell
45 µs
HV
18.00 kV
HFW
69.1 µm
pressure
1.05e-2 Pa
mag
6 000 x
20 µm
HiRes - Gold on Carbom

d
12/3/2014
1:59:50 PM
dwell
45 µs
HV
18.00 kV
HFW
69.1 µm
pressure
2.71e-3 Pa
mag
6 000 x
20 µm
HiRes - Gold on Carbom

Figura 4.31: Imagens SEM de *Stigmina carpophila*_ KY661359,

um conídio a 1500X com comprimento médio de 10,41µm,

b, c ligação hospedeiro-fungo a 3000X e 6000X, respetivamente,

d diâmetro médio dos conídios 2,480µm a 6000X e

e rebentamento de conídios a 12000X.

Observações genotípicas

O ADN puro foi obtido a partir de culturas frescas com 08 dias de idade utilizando CTAB. As reacções de PCR foram efectuadas utilizando o iniciador direto ITSl (5' - TCCGTAGGTGAACCTGCGG-3') e o iniciador inverso ITS4 (5' - TCCTCCGCTTATTGATATGC-3'). Estes primers são considerados primers universais para fungos e têm uma eficiência de amplificação máxima. Os produtos da PCR foram separados por eletroforese em agarose de baixo ponto de fusão a 2% e visualizados por coloração com brometo de etídio (**Figura 4.32**).

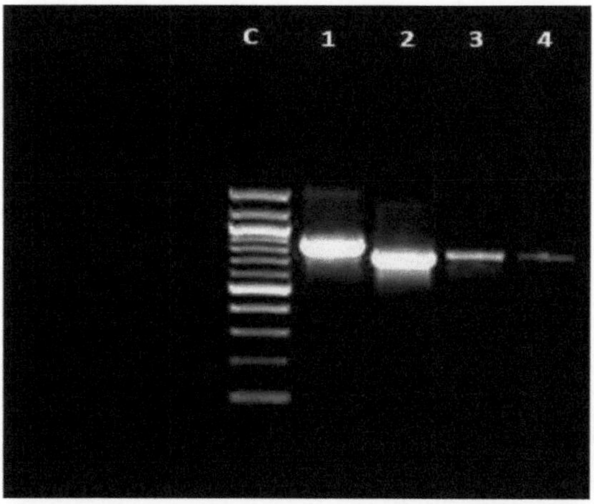

Figura 4.32: Produtos de PCR de ADN fúngico retirado de uma cultura PDA pura e fresca amplificada com ITSl (5 -TCCGTAGGTGAACCTGCGG-3") e iniciador inverso ITS4 (5 -TCCTCCGCTTATTGATATGC-3)"

Para confirmar que as sequências ribossómicas correctas estavam a ser amplificadas, cada produto de PCR foi sequenciado utilizando um analisador genético ABI 3100 e as sequências de saída foram analisadas quanto à exatidão. A sequenciação genética das sequências ribossómicas amplificadas foi efectuada utilizando o sistema Big Dye Terminator.

Para investigar melhor a relação entre os nossos isolados e as restantes espécies, a árvore filogenética foi construída utilizando o método da matriz de distância de união de vizinhos MABL. Foi efectuado um total de 1000 replicações bootstrap com cada método para determinar a significância estatística dos ramos obtidos. Os resultados foram comparados com as bases de dados NCBI-BLAST (http://www.ncbi.nlm.nih.gov/). Verificou-se que *Stigmina carpophila_* KY661359 diverge de *Stigmina juniperina* (KC870051.1), uma espécie estreitamente relacionada, em 0,4%, num ambiente geográfico distinto (**Figura 4.33**).

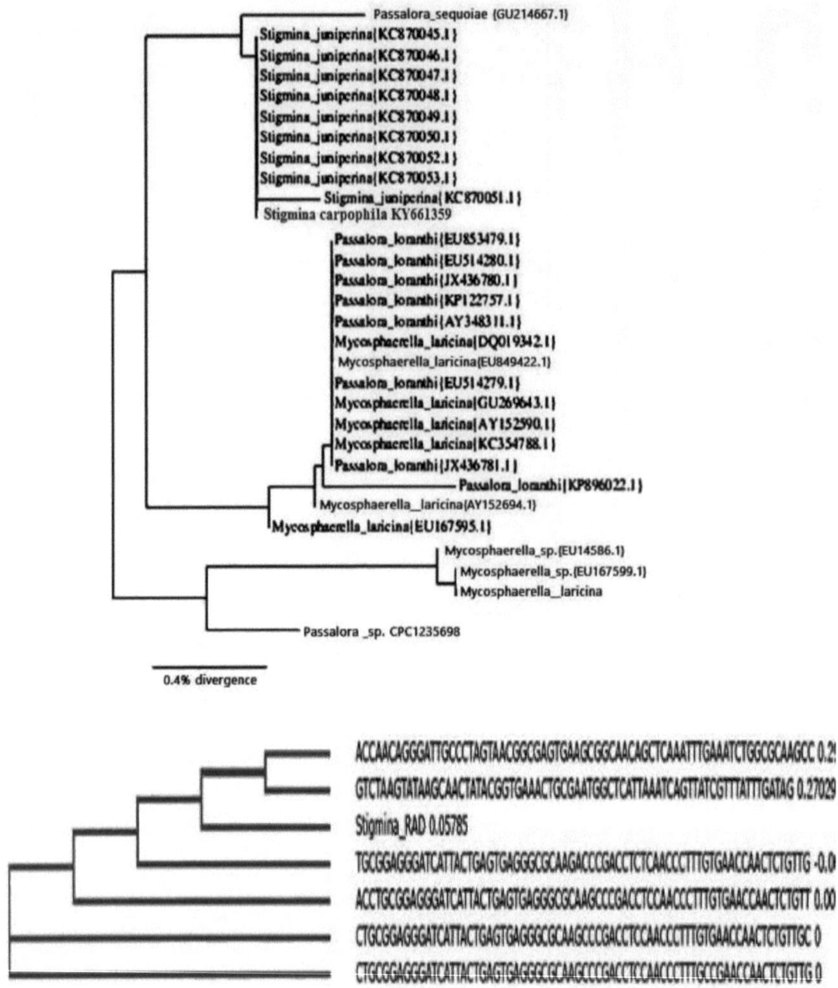

Figura 4.33: Árvore filogenética de máxima verosimilhança baseada em variantes de sequência de rDNA (SSU-ITS-LSU) do *Stigmina carpophila_* KY661359 com as correspondências de sequência estreitamente relacionadas construídas pelo MABL(http√www.phylogeny.fr⁄phylogeny.cgi). Os valores de bootstrap são dados para os ramos.

Discussão

A sistemática clássica dos fungos baseia-se principalmente em critérios morfológicos e os fungos patogénicos são geralmente reconhecidos e identificados basicamente pelos seus fenótipos. Foram desenvolvidas numerosas abordagens alternativas, incluindo estudos nutricionais e fisiológicos, testes serológicos, metabolitos secundários, sistemas de ubiquinona e ácidos gordos. A década de 1990 foi um período feroz na sistemática dos fungos, uma vez que as novas técnicas moleculares desafiaram o cenário da taxonomia fenotípica. A taxonomia micológica tem agora uma nova dimensão molecular e os sistemas de identificação baseados na sequência de ADN estão a ser rapidamente adoptados. Os primeiros progressos na identificação filogenética e por critérios moleculares dos fungos começaram com os genes ribossómicos nucleares. As técnicas de biologia molecular, especialmente a análise de sequências de rDNA, são atualmente utilizadas para estudos filogenéticos fiáveis, que permitem estabelecer um sistema de classificação mais natural. A análise direta/interpretações do polimorfismo do ADN e a análise das sequências das regiões ITS fizeram alguns progressos no sentido de uma melhor compreensão da taxonomia dos fungos. Outras análises moleculares utilizando técnicas mais sensíveis para avaliar as variações genéticas foram implementadas para determinar até que ponto os diferentes taxa estão presentes no complexo.

No presente contexto, a região de Caxemira do Sul, em Jammu e Caxemira, foi tomada em consideração para o estudo micotaxonómico foliícola. A região ocupa um lugar privilegiado e único na variedade e galáxia de macro e micro lungi devido a grandes variações agro-climáticas, fisiografia diversa e topografia ondulada. Embora alguns investigadores já tenham efectuado um trabalho fragmentário neste domínio em diferentes partes do Estado. Mas a compreensão da flora microfúngica da região ainda se encontra numa fase exploratória ou pioneira e, sem dúvida, há muitas mais espécies a registar. Durante as pesquisas micológicas periódicas, mais de cem espécies de fungos foram recolhidas e identificadas. Destes espécimes, algumas espécies são novas para a ciência fúngica ou algumas são novos relatos de doenças ou novos registos de hospedeiros. As identificações morfológicas foram realizadas por microscópio eletrónico de varrimento de feixe duplo (SEM) e as identificações moleculares foram apoiadas pela análise da sequência do espaçador interno transcrito (ITS) do rDNA, que é o único local de código de barras de ADN para a identificação molecular de fungos.

Os avanços nas metodologias SEM tornaram possível explorar uma variedade de questões na sistemática dos fungos. A capacidade de associar a imagiologia a manipulações genético-moleculares oferece a possibilidade de aprofundar a nossa compreensão do modo como os mecanismos moleculares da célula conduzem a alterações morfológicas e estruturais, para uma melhor elaboração da citologia fúngica. A técnica revelou diferentes características, *nomeadamente* a fixação do fungo hospedeiro, as dimensões dos conídios e o comprimento das hifas. Na análise molecular, optimizando as condições de PCR, os primers ITSl, ITS3, ITS4 e ITS5 (primers universais) mostraram a maior eficiência de amplificação para amplificar o gene ITS. A PCR resultou em amplificações bem sucedidas do gene ITS rDNA. Os amplicons foram visualizados em gel de agarose 1,5%-2,0% sob transiluminador UV. Os amplicões da PCR foram processados para limpeza, a fim de remover os nucleótidos não incorporados e os primers residuais, utilizando a enzima Exo-SAP. Os amplicões foram encaminhados para a reação de sequenciação cíclica utilizando o BigDye® Terminator v.3.l Cycle Sequencing Kit (Applied Bio systems, Inc.) com uma diluição de 16th vezes. A sequenciação de ciclo foi seguida de uma limpeza da sequenciação pelo método de precipitação com etanol, seguido da dissolução do modelo em formamida Hi-Di (formamida altamente desionizada). Estas amostras foram sequenciadas de forma direcional no analisador genético ABI 3l30. O valor Expect (E-value) mostrou o alinhamento significativo numa correspondência de sequência ITS de homologia específica. Nos resultados específicos da pesquisa BLAST (*Basic Local Alignment Search Tool*) é designado um valor E que reflecte o grau de significância do acerto BLAST, apenas para apresentar as semelhanças nas sequências de genes ITS. Todas as sequências de genes ITS determinadas nestes estudos foram submetidas à base de dados NCBI GenBank (http://www.ncbi.nlm.nih.gov). Com base nas sequências de ADN, foram efectuadas comparações entre os espécimes de fungos recolhidos (sequências de consulta) e as espécies ou isolados mais próximos para os quais existiam sequências disponíveis. As árvores filogenéticas (árvore de junção de vizinhos) foram construídas utilizando o método de agrupamento UPMGMA (Unweighted Pair Group Method with Arithmetic Mean), o software bioinformático MABL (Methodes et Algorithmes pour la Bio informatique Lirmm) e PHYML (PHYlogenetic inferences using Maximum Likelihood). Na interpretação das árvores, o segmento da linha inferior com os números reflecte o comprimento do ramo que representa uma quantidade de mudança genética. As unidades de comprimento dos ramos são o número de alterações genéticas ou substituições dividido pelo comprimento da sequência. O comprimento de um ramo flutua proporcionalmente às diferenças nucleotídicas, e os números indicados nos respectivos ramos reflectem as percentagens de frequências com que um determinado ramo apareceu em diferentes replicações bootstrap IOOO. A análise filogenética enfatizou a distância evolutiva entre *C. Iillacola* e táxons relacionados. *C. Iillacola* e *C. graminicola* estão mais intimamente relacionados entre si do que com os isolados *de C. truncatum*. É muito difícil diferenciar o *C. lillacola* sp. nov. das demais espécies conhecidas de *Colletotrichum* em bases morfológicas, mas mostrou contradições marcantes quando comparado geneticamente. Além disso, o bootstrapping permitiu atribuir as medidas de exatidão às estimativas amostrais de *C. lillacola* com as restantes espécies de *Colletotrichum*. A variância genética de O.5 de *C. lillacola* em relação às espécies de *Colletotrichum* estreitamente relacionadas foi registada com valores de bootstrapping de O.69, O.O38, O.785, O, O.69, O.685, O, O, O, O, O, O (SEQOOOOO5, SEQOOOOO6, SEQOOOOO7, SEQOOOOO8, SEQOOOOO4, SEQOOOO12, SEQOOOOO3, SEQOOOOO9, SEQOOOO1O, SEQOOOO11 e SEQOOOOO2), respetivamente. O número de acesso GenBank para a sequência do produto da região ITS amplificado com os iniciadores ITS1 e ITS4 do isolado 7Oa de *Colletotrichum lillacola* (NCBI unique submission Id BankIt1858963) é atribuído como KT825856. *Alternaria kashmeriana* sp.nov. e *Alternaria alternata* estão mais estreitamente relacionadas do que com os isolados MITS71 de *Alternaria infectoria*. A variância de

O.12655, em termos de bootstrap de *Alternaria kashmeriana* sp. nov. dos isolados de *Alternaria estreitamente* relacionados, foi registada com valores de boot O.2531, O.O7668 e O.21472 (SEQOOOO4, SEQOOOO2 & SEQOOOO3), respetivamente. O número de acesso do Banco de Genes para a sequência do produto da região ITS usando os primers ITS1 e ITS4 na amplificação por PCR de *Alternaria kashmeriana* sp.nov. estirpe 15Ob (NCBI unique submission Id BankIt1858984) é atribuído como KT825857. A variância genética de O.O6 de *Trichothecium kashmeriana em* relação aos isolados *de Trichothecium* estreitamente relacionados foi registada com valores de arranque de O.O5464, O.O11 e O.OOO5O (SEQOOOOOO, SEQOOOOO1 e SEQOOOOO2, respetivamente). O número de acesso GenBank para a sequência do produto da região ITS amplificado com os primers ITS1 e ITS4 do isolado 22Oc de *Trichothecium kashmeriana* (NCBI unique submission Id BankIt185899O) é o número de acesso KT825858. Da mesma forma, *Sirosporium celtidis_* KY656465 divergiu de *Sirosporium diffusum* (KX344494.1), estreitamente relacionado, em 1%. *V. inaequalis_* KY66136O divergiu do parente próximo *Venturia pyrina* (AB43O865.1) e *Venturia pyrina* (JX979188.1) em 4%. *Meliola mangiferae_* KY623717 divergiu de *Meliola centellae* (KC2526O6.1) e *Meliola centellae* (NR 137799.1), intimamente relacionadas, em 2%. *Stigmina carpophila*

KY661359 divergiu de *Stigmina juniperina* (KC870051.1), uma espécie estreitamente relacionada, em 0,4%. A identificação molecular tem um enorme potencial para aprofundar a nossa compreensão da biodiversidade fúngica, os papéis ecológicos dos fungos e a sua distribuição geográfica. Tem também um grande potencial para acelerar a bioprospecção e outros domínios de investigação aplicada. A região ITS tem sido utilizada como o marcador de "código de barras" padrão de facto pelos micologistas há muitos anos, e há todas as razões para acreditar que continuará a ser, pelo menos, um dos principais marcadores de código de barras dos fungos durante muitos anos. Embora a região ITS seja o marcador genético mais sequenciado para os fungos, existem atualmente sequências ITS de cerca de 14.000 espécies de fungos totalmente identificadas disponíveis nas bases de dados públicas de sequências. O estudo revela que muito trabalho foi feito sobre a diversidade macrofúngica e que continua a ser necessário explorar também a diversidade microfúngica, especialmente a flora micológica foliícola, uma vez que o Estado predominante (Jammu e Caxemira) é o único Estado que produz quase todos os tipos de frutos de rendimento e que é urgente combater as possíveis perdas económicas devidas à grande propagação de doenças fúngicas. Além disso, as caracterizações micotaxonómicas moleculares de *Alternaria kashmeriana* sp. nov., *Colletotrichum Iillacola* sp. nov, *Meliola mangiferae* _KY623717, *Sirosporium celtidis* _KY656465, *Stigmina carpophila_* KY661359, *Trichothecium kashmeriana* sp.nov. & *Venturia inaequalis_KY661360* revelaram uma grande quantidade de divergências genéticas, provavelmente devido às condições ambientais extremamente duras que persistem na área estudada. Dada a natureza caducifólia da flora, o crescimento fúngico pode ter encontrado os extremos do clima severo, *como os* períodos prolongados de neve fria que prevalecem na região, o que pode ter resultado em variações no genótipo do fungo, bem como no fenótipo.

Conclusões

As tendências e o estilo de 200 anos de taxonomia micológica são paralelos aos de outros reinos. O impulso da morfomicotaxonomia foi completado pela microscopia e depois pela cultura *in vitro*. O sucesso da caraterização ultra-estrutural, enzimática e proteica foi seguido pela revolução dos ácidos nucleicos. O património do estudo taxonómico é de cerca de 80.000 espécies aceites. Os micologistas têm utilizado diferentes conceitos para definir as espécies de fungos. O conceito morfológico (fenético ou fenotípico) é a abordagem clássica utilizada pelos micologistas. Nesta abordagem, as unidades são definidas com base em características morfológicas e, idealmente, pelas diferenças entre elas. O conceito politípico baseia-se numa combinação de caracteres, embora não seja necessário que cada estirpe tenha a mesma combinação. O conceito ecológico, que se baseia na adaptação a habitats particulares e não no isolamento reprodutivo, é frequentemente utilizado para os fungos fitopatogénicos. A década de 1990 foi um período feroz na sistemática dos fungos, uma vez que as novas técnicas moleculares desafiaram o cenário da taxonomia fenotípica. A taxonomia micológica tem agora uma nova dimensão molecular e os sistemas de identificação baseados na sequência de ADN estão a ser rapidamente adoptados. Os primeiros progressos na identificação filogenética e por critérios moleculares dos fungos começaram com os genes ribossómicos nucleares. O artigo clássico (White, *et al.*, 1990) incluía iniciadores universais ainda hoje amplamente utilizados para amplificar os três principais componentes do operão ribossómico fúngico: (i) a grande subunidade (LSU, referida como 26S ou 28S, e duas sub-regiões variáveis D1 e D2), (ii) a pequena subunidade (SSU, ou 18S), separada por (iii) o Internal Transcribed Spacer, ITS, compreendendo duas secções (ITS1, ITS2) que abrangem a região 5.8S conservada. O progresso na descrição de espécies fúngicas é registado anualmente no Index Fungorum, que é o resultado de inquéritos contínuos da literatura micológica mundial. De 1999 a 2009, foi descrita uma média de 1196 novas espécies de fungos por ano, tendo sido descritas 1030 espécies só em 2009. A investigação sobre fungos está a passar por uma nova onda de melhorias metodológicas que muito provavelmente irá impulsionar a micologia tão profundamente como a filogenia molecular o fez durante os últimos 15 anos. Dois desenvolvimentos recentes e importantes influenciaram muito e causaram mudanças significativas nos conceitos tradicionais de sistemática. Trata-se das abordagens filogenéticas e da incorporação de técnicas de biologia molecular, nomeadamente a análise de sequências de nucleótidos de ADN, na sistemática moderna. Estes desenvolvimentos forneceram novas informações que fizeram com que o conceito de espécie biológica fosse criticado em favor do conceito de espécie filogenética. Este novo conceito foi considerado particularmente apropriado para grupos de fungos nos quais não se observou reprodução sexual (deuteromicetas). Assim, novos conceitos, especificamente formulados no domínio da filogenética, estão a tornar-se familiares aos micologistas. Os estudos populacionais e os dados moleculares mostram cada vez mais que muitas morfoespécies amplamente utilizadas compreendem, de facto, várias espécies biológicas ou filogenéticas.

É de esperar que as tecnologias de sequenciação da próxima geração tenham um efeito tremendo na investigação sobre a biodiversidade e a ecologia dos fungos. A fim de concretizar todo o potencial destas técnicas interessantes, acelerando as avaliações da biodiversidade, os procedimentos de identificação de fungos têm de ser adaptados às exigências emergentes dos modernos estudos ecológicos em grande escala. Tendo em consideração os factos acima mencionados, o presente estudo tem os seguintes objectivos

- Caracterização micotaxonómica fenotípica e genotípica: Métodos convencionais e avançados de Microscopia Eletrónica de Varrimento (SEM) para estudar os caracteres fenotípicos. sequenciação do rDNA dos Espaçadores Internos Transcritos (ITS), as regiões de código de barras do ADN fúngico e as suas interpretações filogenéticas para estudar os caracteres genotípicos dos espécimes fúngicos.

- Estudos taxonómicos - sobretudo ao nível dos géneros e das espécies. Descrições e ilustrações dos novos taxa e suas comparações.

- Estudos filogenéticos - traçar o curso mais provável da evolução e a coerência histórica entre grupos em níveis taxonómicos mais elevados.

- Código informático para a identificação das espécies utilizando os dados digitalizados, *nomeadamente* os diferentes programas/ferramentas de bioinformática molecular. Estudos taxonómicos detalhados das amostras e identificação.
- Digitalização dos dados gerados e estudos comparativos utilizando a análise de agrupamento Parsimonial.

No presente contexto, a região de Caxemira do Sul, em Jammu e Caxemira, foi tomada em consideração para o estudo micotaxonómico foliícola. A região ocupa um lugar privilegiado e único na variedade e galáxia de macro e microfungos devido a grandes variações agro-climáticas, fisiografia diversa e topografia ondulada. Embora alguns investigadores já tenham realizado trabalhos fragmentários neste domínio em diferentes partes do Estado. Mas a compreensão da flora microfúngica da região ainda se encontra numa fase exploratória ou pioneira e, sem dúvida, há muitas mais espécies a registar (Watling & Abrahim, 1992). Watling e Gregony, (1980) registaram 119 taxa de macrofungos de Caxemira. A lista foi alargada para 145 espécies (Beig, *et al.*, 2008), 150 espécies (Dar, *et al.*, 2009a) de Caxemira e 250 de todo o Estado (Dar, *et al.*, 2009b). Durante as pesquisas micológicas periódicas, foram recolhidas e identificadas mais de cem espécies de fungos. Destes espécimes, algumas espécies são novas para a ciência fúngica ou alguns são novos relatórios de doenças ou novos registos de hospedeiros. A identificação morfológica foi realizada por microscópio eletrónico de varrimento de feixe duplo (SEM) e a identificação molecular foi apoiada pela análise da sequência do Espaçador Interno Transcrito (ITS) do rDNA, que é o único local de código de barras de ADN para a identificação molecular de fungos.

O MEV proporcionou uma visualização tridimensional (3d) realista em alta resolução. A maioria dos espécimes de MEV foram visualizados à temperatura ambiente em alto vácuo, tendo sido primeiro fixados quimicamente, desidratados e revestidos com material condutor (ouro) para evitar a acumulação de carga do feixe de electrões (Hall & Hawes 1991). Os avanços nas metodologias SEM tornaram possível explorar uma variedade de questões na sistemática dos fungos. A capacidade de associar a imagiologia a manipulações genético-moleculares oferece a possibilidade de aprofundar a nossa compreensão de como os mecanismos moleculares da célula conduzem a alterações morfológicas e estruturais, para uma melhor elaboração da citologia fúngica. A técnica revelou diferentes características, *nomeadamente* a fixação do fungo hospedeiro, as dimensões dos conídios e o comprimento das hifas.

Na análise molecular, optimizando as condições de PCR, os primers ITS1, ITS3, ITS4 e ITS5 (primers universais) mostraram a maior eficiência de amplificação para amplificar o gene ITS. A PCR resultou em amplificações bem sucedidas do gene ITS rDNA. Os amplicons foram visualizados em gel de agarose 1,5%-2,0% sob transiluminador UV. Os amplicões da PCR foram processados para limpeza, a fim de remover os nucleótidos não incorporados e os primers residuais, utilizando a enzima Exo-SAP (Exo nuclease I - Fosfatase alcalina de camarão). Os amplicões foram encaminhados para a reação de sequenciação cíclica utilizando o BigDye® Terminator v.3.1 Cycle Sequencing Kit (Applied Biosystems, Inc.) com uma diluição de 16th vezes. Foram concebidos alguns iniciadores específicos da sequência para a amplificação de genes. As condições do termociclador incluem um passo inicial de 2 minutos a 96^{0} C e 35 ciclos de 30 segundos a 96θC, 15 segundos a 550C e 4 minutos a 6QθC. O ciclo de sequenciação foi seguido de uma limpeza da sequenciação pelo método de precipitação com etanol, seguido da dissolução do modelo em formamida Hi-Di (formamida altamente desionizada). Estas amostras foram sequenciadas de forma direcional no analisador genético ABI 3130. O valor Expect (E-value), uma ferramenta métrica que mostra o alinhamento significativo numa correspondência de sequência ITS de homologia particular. Nos resultados específicos da pesquisa BLAST (*Basic Local Alignment Search Tool*), é designado um valor E que reflecte o grau de significância do acerto BLAST, apenas para apresentar as semelhanças nas sequências de genes ITS. Todas as sequências de genes ITS determinadas nestes estudos foram submetidas à base de dados NCBI GenBank (http://www.ncbi.nlm.nih.gov). Com base nas sequências de ADN, foram efectuadas comparações entre os espécimes de fungos recolhidos (sequências de consulta) e as espécies ou isolados mais próximos para os quais existiam sequências disponíveis. As árvores filogenéticas (árvore de junção de vizinhos) foram construídas utilizando o método de agrupamento UPMGMA

(Unweighted Pair Group Method with Arithmetic Mean) (Statistics on BioloMICS Ward's minimum variance, tree: Cophenetic Coef. Corr.: 0.13263 N obs: 1128.00000 DF: 1127.00000 T-value: 4.49218 ND P: 0.415813 D P: 0.831627 OTUs na árvore: 48), software bioinformático MABL (Methodes et Algorithmes pour la Bio informatique Lirmm) e PHYML (PHYlogenetic inferences using Maximum Likelihood). As árvores documentaram informações sobre as relações evolutivas/ancestrais inferidas entre os diferentes taxa aliados. As sequências ITS geradas foram submetidas a BLAST na base de dados NCBI (http://www.ncbi.nlm.nih.gov) para obter as semelhanças entre as espécies. A análise de máxima verosimilhança foi efectuada por MOLE BLAST (http://blast.ncbi.nlm.nih.gov/moleblast/moleblast.cgi) e os valores estatísticos de parentesco foram obtidos por bootstrapping (amostragem aleatória com substituição) utilizando phylogeny.lirmm.fr. Na interpretação das árvores, o segmento da linha inferior com os números reflecte o comprimento do ramo que representa uma quantidade de mudança genética. As unidades de comprimento de ramo (substituições nucleotídicas/sítio) são o número de alterações genéticas ou substituições dividido pelo comprimento da sequência. O comprimento de um ramo flutua proporcionalmente às diferenças de nucleótidos, e os números indicados nos respectivos ramos reflectem as percentagens de frequências com que um determinado ramo apareceu em diferentes 1000 replicações bootstrap. A análise filogenética enfatizou a distância evolutiva entre *C.*

lillacola e taxa relacionados. *C. lillacola* e *C. graminicola* estão mais intimamente relacionados entre si do que com os isolados *de C. truncatum*. É muito difícil diferenciar o *C. lillacola* sp. nov. das restantes espécies conhecidas de *Colletotrichum com base* na morfologia, mas mostrou contradições acentuadas quando comparado geneticamente. Além disso, o bootstrapping permitiu atribuir as medidas de exatidão às estimativas amostrais de *C. lillacola* com o resto das espécies de *Colletotrichum*. A variância genética de 0,5 de *C. lillacola em* relação às espécies de *Colletotrichum* estreitamente relacionadas foi registada com valores de boot de 0,69, 0,038, 0,785, 0, 0,69, 0.685, 0, 0, 0, 0, 0, 0 (SEQ000005, SEQ000006, SEQ000007, SEQ000008,

SEQ000004, SEQ000012, SEQ000003, SEQ000009, SEQ000010, SEQ000011 e SEQ000002), respetivamente. O número de acesso ao GenBank para a sequência do produto da região ITS amplificado com os iniciadores ITS1 e ITS4 do isolado 70a de *Colletotrichum lillacola* (NCBI unique submission Id BankIt1858963) é atribuído como KT825856. *Alternaria kashmeriana* sp.nov. e *Alternaria alternata* estão mais estreitamente relacionadas do que com os isolados de *Alternaria infectoria* MITS71. A variância de 0,12655, em termos de bootstrap de *Alternaria kashmeriana* sp. nov. dos isolados de *Alternaria estreitamente* relacionados, foi registada com valores de boot de 0,2531, 0,07668 e 0,21472 (SEQ00004, SEQ00002 e SEQ00003), respetivamente. O número de acesso do Banco de Genes para a sequência do produto da região ITS utilizando os primers ITS1 e ITS4 na amplificação por PCR da estirpe 150b de *Alternaria kashmeriana* sp.nov. (NCBI unique submission Id BankIt1858984) é atribuído como KT825857. A variância genética de 0,06 de *Trichothecium kashmeriana em* relação aos isolados *de Trichothecium* estreitamente relacionados foi registada com valores de boot de 0,05464, 0,011 e 0,00050 (SEQ000000, SEQ000001 e SEQ000002, respetivamente). O número de acesso GenBank para a sequência do produto da região ITS amplificado com os iniciadores ITS1 e ITS4 do isolado 220c de *Trichothecium kashmeriana* (NCBI unique submission Id BankIt1858990) é o número de acesso KT825858. Do mesmo modo, *Sirosporium celtidis_* KY656465 divergiu de *Sirosporium diffusum* (KX344494.1), estreitamente relacionado, em 1%. *Venturia inaequalis_* KY661360 divergiu do parente próximo *Venturia pyrina* (AB430865.1) e *Venturia pyrina* (JX979188.1) em 4%. *Meliola mangiferae_* KY623717 divergiu de *Meliola centellae* (KC252606.1) e *Meliola centellae* (NR_137799.1), intimamente relacionadas, em 2%. *Stigmina carpophila_* KY661359 divergiu de *Stigmina juniperina* (KC870051.1), uma espécie estreitamente relacionada, em 0,4%. A identificação molecular tem um enorme potencial para aprofundar o nosso conhecimento sobre a biodiversidade fúngica, os papéis ecológicos dos fungos e a sua distribuição geográfica. Tem também um grande potencial para acelerar a bioprospecção e outros domínios de investigação aplicada. A região ITS tem sido utilizada como o marcador de "código de barras" padrão de facto pelos micologistas há muitos anos, e há todas as razões para acreditar que continuará a ser, pelo menos, um dos principais marcadores de código de barras dos fungos durante muitos anos. Embora a região ITS seja o marcador genético mais sequenciado para os fungos, existem atualmente sequências ITS de cerca de 14.000 espécies de fungos totalmente identificadas disponíveis nas bases de dados públicas de sequências. O estudo revela que muito trabalho foi feito sobre a diversidade macrofúngica e que continua a ser necessário explorar também a diversidade microfúngica, especialmente a flora micológica foliícola, uma vez que o Estado predominante (Jammu e Caxemira) é o único Estado que produz quase todos os tipos de frutos de rendimento e que é urgente combater as possíveis perdas económicas devidas à grande propagação de doenças fúngicas. Além disso, as caracterizações micotaxonómicas moleculares de *Alternaria kashmeriana* sp. nov., *Colletotrichum Iillacola* sp. nov, *Meliola mangiferae* _KY623717, *Sirosporium celtidis* _KY656465, *Stigmina carpophila_* KY661359, *Trichothecium kashmeriana* sp.nov. & *Venturia inaequalis_KY661360* revelaram uma grande quantidade de divergências genéticas, provavelmente devido às condições ambientais extremamente duras que persistem na área estudada. Dada a natureza caducifólia da flora, o crescimento fúngico pode ter enfrentado os extremos do clima rigoroso, *nomeadamente* os períodos prolongados de neve fria que prevalecem na região, o que pode ter resultado em variações no genótipo e no fenótipo do fungo.

Bibliografia

- **Agarwal, G. P., e Sharma, N. D. (1973).** Fungos que causam doenças das plantas em Jabalpur (MP) XIII. Alguns Cercosporae IV. Indian Phytopathology. 26 (2): 295-302.

- **Albertini, J. V., e Schweinitz, L. V. (1805).** Conspectus fungorum in Lusatiae superioris agro niskiensi crescentium e methodo persooniana. *Kummer, Leipzig, Alemanha.*

- **Alexopoulos, C. J., Mims, C. W., e Blackwell, M. (1996).** Introductory mycology. Wiley, Nova Iorque, EUA.

- **Amicucci, A., Zambonelli, A., Giomaro, G., Potenza, L., e Stocchi, V. (1998).** Identificação de fungos ectomicorrízicos do género Tuber por primers ITS específicos da espécie. Molecular Ecology. 7(3): 273-277.

- **Andersen, B., e Thrane, U. (1996).** Differentiation of *Alternaria infectoria* and *Alternaria alternata* based on morphology, metabolite profiles, and cultural characteristics. Canadian Journal of Microbiology. 42 (7): 685-689.

- **Ariyawansa, H. A., Hyde, K. D., Jayasiri, S. C., Buyck, B., Chethana, K. T., Dai, D. Q., e Ghobad-Nejhad, M. (2015).** Notas sobre a diversidade fúngica - contribuições taxonómicas e filogenéticas para os taxa fúngicos. Fungal Diversity. 75(1): 27-274.

- **Asolkar, L. V., Kakkar, K. K., e Chakre, O. J. (1992).** Glossário de plantas medicinais indianas com princípios activos. Direção de Publicações e Informação, Nova Deli, Índia. 166-167.

- **Baker, C.J., Harrington, T.C., Krauss, U., e Alfenas, A.C. (2003).** Variabilidade genética e especialização de hospedeiros no clado latino-americano de *Ceratocystis fimbriata*. Phytopathology. 93:12741284.

- **Bakhshi, M., Arzanlou, M., Babai-ahari, A., Groenewald, J.Z., Braun, U., e Crous, P.W. (2015).** Aplicação do conceito de espécie consolidada a *Cercospora* sp.

do Irão. Persoonia. 34: 65-86.

• **Barnett, N. M., e Naylor, A. W. (1966).** Metabolismo de aminoácidos e proteínas na erva Bermuda durante o stress hídrico. Plant Physiology. 41(7): 1222-1230.

• **Barton, H. (1968).** Survey research and macro-methodology. Americanbehavioralscientist. 12(2): 1-9.

- **Begerow, D., Bauer, R., e Oberwinkler, F. (1997).** Phylogenetic studies on nuclear large subunit ribosomal DNA sequences of smut fungi and related taxa. Canadian Journal of Botany. 75(12): 20452056.

. **Beig, M.A., Dar, G.H., Ganai, N.A., e Qazi, N.A. (2008).** Some hitherto unreported macrofungi from India. Journal of Mycology and Plant Pathology. 38: 208-210.

. **Benaouf, G., e Parisi, L. (2000).** Genética das relações hospedeiro-patógeno entre *Venturia inaequalis* raças 6 e 7 e espécies de *Malus*. Phytopathology. 90 (3): 236-242.

. **Birch, P.R.J., Sims, P.F.G., e Broda, P. (1992).** Sequência nucleotídica de um gene de *Phanerochaete chrysosporium* que mostra homologia com o gene facA de *Aspergillus nidulans*. DNA Sequence. 2:319-323.

. **Blackwell, M. (2011).** Os Fungi: 1, 2, 3 ... 5,1 milhões de espécies? American Journal of Botany 98.(3): *426-438.*

. **Blanz, P. A., e Unseld, M. (1987).** Ribosomal RNA as a taxonomic tool in mycology. 247-258.

. **Bowen, A. R., Chen-Wu, J. L., Momany, M., Young, R., Szaniszlo, P. J., e Robbins, P. W. (1992).** Classificação das quitina sintases fúngicas. Actas da Academia Nacional de Ciências dos EUA. 89:519-523.

. **Braun,U.(1993).** Estudos sobre *Ramularia* e géneros afins. VI. Nova Hedwigia. 56 (3-4): 423-454.

. **Braun, U., e Castaneda, R. (1991).** Cercospora e géneros afins de Cuba (II). Botânica Criptogâmica.

. **Braun, U., e Rogerson, C.T. (1993).** Phytoparasitic hyphomycetes from Utah

(U.S.A.). Mycotaxon. 46: 263-274.

. **Braun, U., e Schubert, K. (2006)**. Espécies e novos registos de micromicetes biotróficos da Austrália, Fiji, Nova Zelândia e Tailândia. Fungal Diversity. 22: 13-35.

. **Braun, U., e Sivapalan, A. (1999)**. Cercosporoid hyphomycetes from Brunei. Fungal Diversity. 3:1-27.

. **Braun, U., Crous, P. W., e Nakashima, C. (2014)**. Fungos Cercosporoides (*Mycosphaerellaceae*). Espécies em monocotiledóneas (*Acoraceae* a *Xyridaceae*, excluindo *Poaceae*). IMA Fungus 5: 203-390.

. **Braun, U., Crous, P.W., e Kamal, (2003)**. Novas espécies de *Pseudocercospora, Pseudocercosporella, Ramularia* e *Stenella* (cercosporoid hyphomycetes). Mycological Progress. 2(3): 197-208.

- **Braun, U., Nakashima, C., e Crons, P. W. (2013)**. Fungos Cercosporoides (*Mycosphaerellaceae*). Espécies em outros fungos, *Pteridophyta* e *Gymnospermae*. IMA Fungus. 4: 265-345.

- **Bream F.M., e Lips, K.R. (2008)**. Padrões de infeção por *Batrachochytrium dendrobatidis* entre espécies de anfíbios do Panamá, habitats e elevações durante as fases epizoótica e enzoótica. DiseasesofAquaticOrganisms. 81 (3): 189-202.

- **Bruns, T. D., White, T. J., e Taylor, J. W. (1991)**. Fungal molecular systematics. Annul Reviews of Ecological Systematics. 22:525-564.

- **Butler, E. J. (1905)**. Alguns fungos da floresta indiana. Indian Forester. 31(12): 671-679.

- **Butler, E. J. (1997)**. The fungi ofIndia. Daya Books.

- **Cannon, P. F., Damm, U., Johnston, P. R., e Weir, B. S. (2012)**. *Colletotrichum* - estado *atual* e direcções futuras. Studies in Mycology. 73: 181-213.

- **Carlile, M. J., e Watkinson, S. C. (1994)**. The fungi. Academic Press, Ltd., Londres, Reino Unido.

- **Carmichael, W., Kendrick, B., Conners, L. e Sigler, L. (1980)**. Genera ofHyphomycetes. Imprensa da Universidade de Alberta.

- **Chandra, S., Srivastava, N., e Chaudhary, R. (1991)**. Novas espécies de *Sarcinella* da Índia. Indian Phytopathology. 44(3): 301307.

- **Chauksay, P., Rai, A.N., e Verma, N. (2011)**. Algumas adições aos fungos foliícolas da flora florestal de Madhya Pradesh. Microbial technology and ecology, Daya Publishing House, New DelhiVol. 1: 268-274.

- **Chupp, C. (1953)**. Uma monografia do género de fungos *Cercospora*. Ithaka, Nova Iorque.

- **Cox, G. M., Rude, T. H., Dykstra, C.C., e Perfect, J. R. (1995)**. O gene da actina de *Cryptococcus neoformans*: estrutura e análise filogenética. Journal of medical and veterinary mycology. 33:261-266.

- **Crous, P. W., e Braun, U. (2003)**. *Mycosphaerella* e seus anamorfos 1. Nomes publicados em

Cercospora e *Passalora*. Gabinete Central para as Culturas de Cereais (CBS).

- **Crous, P.W., e Wingfield, M.J. (1991)**. *Mycosphaerella marasesii* sp. nov. e seu anamorfo *Pseudocercospora*. Mycological Research. 95: 1108-1112.

- **Cui, B. K., Du, P., e Dai, Y. C. (2011)**. Três novas espécies de *Inonotus* (Basidiomycota, Hymenochaetaceae) da China. MycologicalProgress. 10(1): 107-114.

- **Dabinett, E., e Wellman, M. (1978)**. Taxonomia numérica de certos géneros de Fungi Imperfecti e Ascomycotina. Canadian Journal ofBotany. 56(17): 2031-2049.

- **Dar, G.H., Beig, M.A., Ganai, N.A., e Qazi, N.A. (2009b)**. Hitherto Unreported Agaricales from Jammu and Kashmir. Journal of Mycology and Plant Pathology. 39(1): 35-38.

- **Dar, G.H., Beig, M.A., Ganai, N.A., Khan, N.A., e Ahangar, F.A. (2009a)**. Hitherto Unreported Pezizales from India. Journal of Mycology and Plant Pathology. 39(2): 244-246.

- **Dar, R. A., Rai, A. N., e Shiekh, I. A. (2016)**. Primeiro relatório de mancha branca de maçã causada porTrichothecium *kashmeriana* na Índia. Arquivos de Fitopatologia e Proteção de Plantas. 50: 1-10.

• **Dar, R. A., Rai, A. N., e Surywanshi, J. (2014)**. Cinética comparativa e efeito de diferentes meios no crescimento de três fungos foliícolas *Alternaria alternata, Trichothecium roseum* e *Fusarium oxysporium*. International Journal of Botany and Research. 4(2):1-10.

• **Dar, R. A., Rai, A. N., Reshi, M.I., Shiekh, I. A., e Surywanshi, J. (2015)**. Primeiro relatório de *Helicoceras celtidis* causando doença foliar de *Celtis australis* de Jammu e Caxemira, Índia. Jornal Austríaco de Micologia. 24: 1-10.

• **Das, A.K. (1991)**. Duas novas espécies de *Pseudocercospora* de Bengala Ocidental. Journal ofMycopathological Research. 29: 23-30.

• **David, S., Hibbett, A., Ohman, D., Glotzer, M.N, Paul, K.R., e Henrik, N. (2011)**. Progresso na descoberta de táxons moleculares e morfológicos em Fungi e opções para a classificação formal de sequências ambientais. Fungal biology reviews. 25: 38-47.

• **de Hoog, G. S., e Gerrits van den Ende, H. G. (1998)**. Diagnóstico molecular de estirpes clínicas de Basidiomycetes filamentosos. Mycoses. 41: 183-189.

- **de Hoog, G. S., e J. Guarro. (1995)**. Atlas de fungos clínicos. Centraalbureau voor Schimmelcultures, Baarn, Países Baixos.

. **Dean, R. A., Talbot, N. J., Ebbole, D. J., Farman, M. L., Mitchell, T. K., Orbach, M. J., e Read, N. D. (2005)**. Sequência do genoma do fungo da brusone do arroz *Magnaporthe grisea.* Nature. 434 (7036): 980-986.

. **Dean, R., Van Kan, J. A., Pretorius, Z. A., Hammond-Kosack, K. E., Di Pietro, A., Spanu, P. D., e Foster, G. D. (2012)**. Os 10 principais patógenos fúngicos em patologia molecular de plantas. Patologia molecular de plantas. 13(4): 414-430.

. **Deighton,F.C.(1971)**.Bolor castanho de *Canavalia* causado por *Stenella canavaliae* comb. nov. Transactions of the British Mycological Society. 58: 411-418.

. **Deighton,F.C.(1990).**Uma nova espécie de *Cladosporium* que causa manchas foliares em *Cercestis* na Serra Leoa. Mycological Research. 94 (4): 570.

. **Doveri,F.(2013).**Uma atualização adicional sobre o género *Chaetomium* com descrições de duas espécies coprófilas, novas em Itália. Mycosphere. 4(4): 820-846.

. **Dubey, R.K., Firdousi, S.A., Rai, A.N., e Vyas, K.M. (1990)**. *Pseudocercospora gymnosporia* sp. nov. da Índia. Mycological Research. 94 (7): 1004-1005.

. **Ehrenberg, G. (1818)**. Sylvae mycologicae berolinenses. Formas de Theophilus Bruschcke.

. **Ellis,M.B.(1967)**. Dematiaceous Hyphomycetes VIII. Mycological Papers. 111: 1-46.

. **Ellis,M.B.(1971)**. Dematiaceous Hyphomycetes, CMI, Kew Inglaterra.

. **Ellis,M.B.(1972)**. Dematiaceous Hyphomycetes XI. Mycological Papers, Kew England. 82:1-55.

. **Ellis,M.B.(1976)**. More Dematiaceous Hyphomycetes. CMI, Kew, Inglaterra.

. **Engelbrecht, C.J., e Harrington, T.C. (2004)**. Inter esterilidade, morfologia e taxonomia de *Ceratocystis fimbriata* em batata-doce, cacau e plátano. Mycologia. 97:57-69.

. **Engelbrecht, C.J., Harrington, T.C., Steimel, J., e Capretti, P. (2001)**. Variação genética no leste da América do Norte e populações putativamente introduzidas de *Ceratocystis fimbriata* f. *platani*. Molecular Ecology. 13:2995-3005.

. **Figueras, M. J., Guarro, J., e Dijk, F. (1988)**. Estrutura de rodlet em a superfície dos esporos de *Chaetomium*. Microbios. 53:101-107.

. **Fincham, J.R.(1989)**. Transformação em fungos. Microbiological Reviews. 53 (1): *148-170.*

. **Firdousi, S.A., Rai, A.N., e Vyas, K.M. (1991)**. Novas espécies de *Cercospora* em Monocotyledons da Índia. Indian Phytopathology. 44 (2): 225-227.

. **Firdousi, S.A., Rai, A.N., e Vyas, K.M. (1992).** *Mycovellosiella adanae* sp. nov. da Índia. Indian Phytopathology. 45 (4): 451-452.

. **Firdousi, S.A., Rai, A.N., e Vyas, K.M. (1993).** Uma nova espécie de *Pseudocercospora* da Índia. Indian Phytopathology. 45 (4): 449451.

. **Firdousi, S.A., Rai, A.N., e Vyas, K.M. (1994).** Novas espécies de *Cercospora* da Índia. Kavak. 9 (1-2): 32-33.

. **Fleming, A. (1928).** A descoberta da penicilina. British Medical Bulletin. 2(1): 4-5.

. **Fries, E. M. (1821).** Systema mycologicum. Ex Officina Berlingiana, Lund e Greifswald.

. **Fries, M., e Sieurin, J. M. (1836).** Synopsis generis lentinorum.

. **Fuckel, L. (1869).** Symbolae mycologicae, Contribuições para o conhecimento dos cogumelos do Reno.

. **Gadpandey, K.K., Sharma, C.D., Dwivedi, D.K., e Rai, A.N. (1995).** Alguns novos hifomicetos parasitas finais de M.P. Indian Journal of living world. 2 (2): 69-80.

. **Ganguly, D., e Pandotra, V.R. (1963).** Mycopathologia et Mycologia Applicata. 20: 39- 48.

. **Giambattista della Porta (1588).** O filósofo, o retórico e o cientista Franco Angeli.

. **Goh, T.K., Hyde, K.D., e Umali, T. E. (1998).** Duas novas espécies *de Diplococcium* dos trópicos. Mycologia. 90 (3): 514-517.

. **Golenberg, E. M., Giannasi, D. E., Clegg, M. T., Smiley, C. J., Durbin, M., Henderson, D., e Zurawski, G. (1990).** Sequência do ADN do cloroplasto de uma espécie de *Magnolia* do mioceno. Nature. 344:656658.

. **Gortari, M. C., e Hours, R. A. (2008).** Quitinases fúngicas e seu papel biológico no antagonismo de ovos de nematóides. Uma revisão. Mycological Progress. 7(4): 221-238.

- **Graser, Y., El Fari, M., Vilgalis, R., Kuijpers, F. A., de Hoog, G.**

5.1, Presber, W., e Tietz, H.J. (1991). Filogenia da família Arthrodermataceae usando análise de sequência da região ITS ribossómica. Biologia Molecular Evolução.

- **Gryzenhout, M., Wingfield, B.D., e Wingfield, M.J. (2006).** Novos conceitos taxonómicos para o importante agente patogénico florestal *Cryphonectria parasitica* e fungos relacionados. FEMS Microbiology Letters. 258 (2): 161-172.

- **Guadet, J., Julien, J., Lafay, J. F., e Brygoo, Y. (1989).** Phylogeny of some *Fusarium* species as determined by large subunit rRNA sequence comparison. Molecular Biology and Evolution. 6:227-242.

- **Guillot, J., e Gueho, E. (1995).** A diversidade das leveduras *Malassezia* confirmada por comparações entre a sequência de rRNA e o ADN nuclear. Antonie Leeuwenhoek International Journal of Genetics. 67:297-314.

- **Gunnell, P. S., e Gubler, W. D. (1992).** Taxonomia e morfologia de espécies de *Colletotrichum* patogénicas para o morango. Mycologia. 157-165.

- **Guo, Y.L., e Liu, X.J. (1991).** Estudos sobre o género *Pseudocercospora* na China V. Mycosystema. 4: 99-118.

- **Hall, J.L., e Hawes, C.H. (1991).** Electron Microscopy of Plant Cells. Academic Press, Nova Iorque e Toronto.

- **Harmsen, M.C., Schuren, F. H., Moukha, S.M., van Zuilen, C. M., Punt, P. J., e Wessels, J. G. (1992).** Análise da sequência dos genes da gliceraldeído-3-fosfato desidrogenase dos basidiomicetos *Schizophyllumcommune*, *Phanerochaete chrysosporium* e *Agaricus bisporus*. Current Genetics. 22:447-454.

- **Hasnain, S. M., Alfrayh, A., Thorogood, R., Harfi, H. A., e Wilson, J. D. (1989).** Periodicidade sazonal de alergénios fúngicos na atmosfera de Riade. Annals ofSaudi Medicine. 9(4): 337-343.

- **Hassouna, N., Michot, B., e Bachelleire, J. (1984).**A sequência completa de nucleótidos do gene 28S rRNA do rato. Implicações para o processo de aumento de tamanho da subunidade grande do rRNA em eucariotas superiores. Nucleic Acids Research. 8:3563-3583.

- **Hawksworth, D.L. (2001)**. The magnitude of fungal diversity: the 1.5 million species estimate revisited. Mycological Research. 105: 14221432.

- **Hawksworth, D.L. (1991)**. The fungal dimension Ofbiodiversity: magnitude, significado e conservação. Mycological Research. 95 : 641-655.

- **Hendriks, L., Goris, A., van de Peer, J., Neefs, J.M., Vancanneyt, M., Kersters, K., Berny, J.F.G., Hennebert, L., e De Wachter, R. (1992)**. Relações filogenéticas entre ascomicetes e leveduras semelhantes a ascomicetes, deduzidas de pequenas sequências de RNA da subunidade ribossómica. SystematicandAppliedMicrobiology. 15: 98-104.

- **Hibbett,D.S.(1992)**.Ribosomal RNA and fungal systematics. Transactions of the Mycological Society of Japan. 33:533-556.

- **Hibbett, D. S., Ohman, A., Glotzer, D., Nuhn, M., Kirk, P., e Nilsson, R. H. (2011)**. Progresso na descoberta de táxons moleculares e morfológicos em Fungi e opções para a classificação formal de sequências ambientais. Fungal Biology Reviews. 25(1):38-47.

- **Hirayama, K., Hashimoto, A., e Tanaka, K. (2014)**. Uma nova espécie, *Lophiostoma versicolor*, do Japão (Pleosporales, Dothideomycetes). Mycosphere. 5(3): 411-417.

- **Horn, E., e Snow, R. (1980)**. Derivados de coordenação de perclorato e difluorofosfato de carbonilo de rénio. Australian Journal of Chemistry. 33(11): 2369-2376.

- **Hosagoudar, V.B. (1986)**. *Phyllochora brataprajii* sp. nov. de Kerala. IndianPhytopathology. 40 (3): 396-397.

- **Hosagoudar, V.B., e Braun, U. (1995)**. Dois novos Hyphomycetes indianos. Indian Phytopathology. 48 (3): 260-262.

- **Hughes,S.J.(1951)**. Estudos sobre microfungos. XII. *Triposporium, Tripospermum, Ceratosporella, Tetrasporium*. (Gen.nov.) CMI, Mycological Papers. 46: 1-35.

- **Hughes,S.J.(1953a)**. Some foliicolous hyphomycetes. Mycological Papers. 31:560-576.

- **Hughes, S.J. (1953b)**. Conidiophores, conidia and classification. Mycological Papers. 31: 577- 659.

- **Hughes, S.J. (1958)**. Revision hyphomycetes alliqot cum appendice de nominibus rejiciendis. Mycological Papers. 36: 727-836.

- **Hughes, S.J. (1959)**. Ponto de partida para a nomenclatura dos hifomicetos. Taxon. 8: 96-103.

- **Hughes,S.J.(1971)**.Porcurrent proliferation in fungi, algae and Mosses. Mycological Papers. 49: 215-231.

- **Hughes, S.J. (1983)**. Five species of *Sarcinella* from North- America with notes on *Cuestieriellan.* gen., *Mitteriella, Endophragmiopsis, Schiffnerula* and *Clypeolella.* MycologicalPapers. 61 (6): 1727-1767.

. **Hughes, S.J. (1989)**. New Zealand fungi 33. Algumas espécies novas e um novo registo de Dematiaceous Hyphomycetes. New Zealand Journal of Botany. 27: 449-459.

. **Hughes, S.J. (2001)**. Capnoky ma rossmanae, uma nova espécie de fungos fuliginosos. Mycologia. 93 (3): 603-605.

. **Jayasiri, S. C., Hyde, K. D., Ariyawansa, H. A., Bhat, J., Buyck, B., Cai, L., e Jeewon, R. (2015)**. O banco de dados Faces of Fungi: nomes de fungos ligados à morfologia, filogenia e impactos humanos. Fungal diversity. 74(1): 3-18.

. **Josep, G., Josepa, G., e Alberto, M. S.T (1999)**. Desenvolvimentos na Taxonomia Fúngica. Clinical microbiology reviews. 12(3): 454-500.

. **Julius, D. H. (1790)**. Fvngi Mecklenbvrgenses selecti.

. **Kamal e Narayan, P. (1986)**. Fungi from hilly tracks of Uttar Pradesh. I. Indian

Phytopathology. 39: 198-203.

. **Kamal e Singh, R.P. (1978)**. Fungi of Gorakhpur IV. Ata Botanica Indica. 6:188-189.

. **Kamal, Kumar, P., e Shukla, D.N. (1982)**. Fungi of Gorakhpur XXXVIII. Indian Journal ofMycology and Plant Pathology. 12 (2): 160-163.

. **Kamal, Moses, A., e Chowdhury, P. (1992)**. Duas novas espécies e uma nova combinação em *Phaeoramularia* da U.P. Índia. Mycological Research. 94 (5): 714-717.

. **Kamal, Rai, A.N., e Moses, A.S. (1991)**. Algumas espécies novas e combinações em *Pseudocercospora* da Índia. Mycological Research. 95 (4): 401-404.

. **Keith, A. S. (2009)**. Progresso no sentido da codificação de DNA de lungi. Recursos de Ecologia Molecular. 9: 83-89.

. **Kendrick, W.B. (1971)**. Taxonomia de Fungi Imperfecti. University of Toronto Press, Toronto.

. **Khan, M.K., Budathoki, U., e Kamal (1994)**. New foliicolous hyphomycetes from Kathmandu valley, Nepal. Indian Phytopathology. 44: 21-29.

. **Kirk, P.M., Cannon, P.F., Minter, D.W., e Stalpers, J.A. (2008)**. Dictionary of the Fungi, 10th edition. CAB International, Wallingford, Reino Unido.

. **Kirk, P.M., Cannon, P.F., David, J.C., e Stalpers, J.A. (2001)**.

Ainsworth and Bisby's Dictionary of the Fungi, 9th Edition. CABI Publishing.

. **Kirtikar, K. R., e Basu, B. D. (1918)**. Indian medicinal plants. Indian Medicinal Plants.

. **Koch,R.,(1876)**. Studies on bacteria V. The etiology of anthrax disease, based on the developmental history of *Bacillus anthracis*. Milestones in Microbiology. 2: 277-310.

. **Kohn, L. M. (1992)**. Desenvolvimento de novos caracteres para a sistemática de fungos, uma abordagem experimental para determinar o grau de resolução. Mycologia.

84:139-153.

. **Krappmann, S. (2017)**. CRISPR-Cas9, o novo garoto no bloco da biologia molecular de fungos.MedicalMycology.55(1): 16-23.

. **Kurtzman, C. P. (1994)**. Molecular taxonomy of the yeasts. Yeast. 10:1727-1740.

. **Kurtzman, C. P., e Fell, J. W. (1998).** The yeasts, a taxonomic study, 4th edition. Elsevier Science B.V., Amesterdão, Países Baixos.

. **Lane, L., Simon, S., Stickel, T., Szaro, M., Weisburg, W. G., e Sogin, M. L. (1992)**. Evolutionary relationships within the fungi: analyses of small subunit ribosomal DNA sequences. Applied and Environmental Microbiology. 61:681-689

. **Lawrence, D. P., Rotondo, F., e Gannibal, P. B. (2016)**.

Biodiversidade e taxonomia do género pleomórfico *Alternaria*. MycologicalProgress. 15(1): 1-22.

- **Le Calvez, T., Burgaud, G., Arzur, D., Vandenkoornhuyse, P., e Barbier, G. (2009)**. Diversidade de fungos filamentosos marinhos cultiváveis de fontes hidrotermais de águas profundas . Environmental

Microbiologia. 11(6):1588-1600.

- **Leandro, L. F., Gleason, M. L., Wegulo, S. N., e Nutter, F. W. (2002)**. Efeitos de extractos de plantas de morango na conidiação e produção de apressórios por *Colletotrichum acutatum*. Phytopathology. 92:45.
- **Link, F. (1809)**. Observações sobre a ordem natural das plantas: As ordens Ima abraçando anandria são epífitas, Mucedinei gastromycos e cogumelos.
- **Linnaeus, C. (1737)**. Genera plantarum". *Lugduni batavorum: C. Wishoff.*
- **Linnaeus, C. V. (1735)**. *Systema Naturae. Leiden: Haak.*
- **Linnaeus, C. V. (1735)**. *Systema Naturae. Leiden: Haak.*
- **Linnaeus, C. V. (1737)**. Flora lapponica. *Pl. XII.* Amstelaedami, 1737, 372.
- **Linnaeus, C. V. (1753)**. Species plantarum, 2 vols. *Laurentii Salvii, Holmiae.*

- **Linnaeus, C. V. e Clifford, G. (1737).** Hortus cliffortianus.
- **Linne, C., e George, C. (1737b).** "Hortus cliffortianus".
- **Liu, J. K., Hyde, K. D., Jones, E. G., Ariyawansa, H. A., Bhat, D. J., Boonmee, S., e Shenoy, B. D. (2015).** Notas de diversidade fúngica: contribuições taxonómicas e filogenéticas para espécies de fungos. Fungal Diversity. 72(1): 1-197.
- **LoBuglio, K. F., Pitt, J. Y., e Taylor, J. W. (1994).** A análise filogenética de duas regiões do ADN ribossómico indica múltiplas perdas independentes de um estado sexual de *Talaromyces* entre espécies assexuadas de *Penicillium* no subgénero *Biverticillium*. Mycologia. 85:592604.
- **Lutzoni, F., Kauff, F., Cox, C. J., McLaughlin, D., Celio, G., Dentinger, B., e Grube, M. (2004).** Montando a árvore da vida dos fungos: progresso, classificação e evolução de características subcelulares. Americanjournalofbotany. 91(10): 1446-1480.

. **Madelin, L. (1949).** *Histoire du Consulat et de l'Empire: La catastrophe de Russie. XII* (Vol. 12). Ieysas.

. **Madelin, M., e Campbell, K., (1985).** Conidiogénese de fungos patogénicos para o homem. CRC Revisões críticas em microbiologia. 12(4): 321-341.

. **Maresca, B., e Kobayashi, G. S. (1994).** Molecular biology of pathogenic fungi. Telos Press, Nova Iorque.

. **Martins, K., Nees, E., e Christian, D. (1817).** "*Flora Cryptogamica earlangensis*".

. **McLanghlin, D.J., McLanghlin, E.G., e Lemke, P.A. (2001a).** The Mycota, um tratado avançado sobre fungos como sistemas experimentais para investigação básica e aplicada. Systematics and evolution. Springer Verlag, Berlim, Heidelberg, Nova Iorque.

. **McLanghlin, D.J., McLanghlin, E.G., e Lemke, P.A., (2001b).** The Mycota, um tratado avançado sobre fungos como sistemas experimentais para investigação básica e aplicada. Systematics and evolution. Springer Verlag, Berlim, Heidelberg, Nova

Iorque.

. **Mehrotra, M.D. (1991).** *Pseudocercospora caiseri*, nova espécie causadora de uma mancha foliar necrótica *de Erythrina*. European Journal of Plant Pathology. 21: 124-126.

. **Mehrotra, M.D., e Verma, R.K. (1991).** Alguns novos hyphomycetes associados a manchas foliares das árvores da Índia. MycologicalResearch. 99: 1163-1168.

. **Micheli, P. (1729).** Nova Plantarum Genera. Bulletin du Jardin botanique de l'Etat, Bruxelles/Bulletin van den Rijksplantentuin, Brussel. 773-777.

. **Mishra, K. K., e Singh, R. P. (2012).** Avaliação de isolados indígenas de Ganodermal lucidum de Uttarakhand para crescimento e rendimento. Journal ofMycology and Plant Pathology. 42 (1): 136-140.

. **Morgan-Jones, G. (1988a).** Notas sobre Hyphomycetes-LX. *Corynespora matuszakii* um patógeno foliar não descrito de *Jaequemontia tamnifolia*. Mycotaxon. 33: 483-487.

. **Morgan-Jones, G. (1988b).** Notas sobre Hyphomycetes - LIX. *Curvularia bannonis* sp. nov. Mycotaxon. 33: 407-412.

. **Morgan-Jones, G. (1998).** Notas sobre Hyphomycetes. LXXIV. Relativamente a *Parastenella magnoliae, a* sua afinidade filogenética e a relação entre esta e o seu hospedeiro *Magnolia grandiflora*. Mycotaxon. LXIV: 421-429.

. **Mulder, J. L. (1982).** Novas espécies e combinações em Stenella. Transactions of the British Mycological Society. 79(3): 469-478.

. **Naidu, P.S., Zhang, Y.Z., e Reddy, C. A. (1990).** Caracterização de um novo gene de lignina peroxidase (GLC6) de *Phanerochaete chrysosporium*. Biochemical and Biophysical Research Communications. 173:994-1000.

. **Nees, E. (1816).** O sistema dos cogumelos e das esponjas. Wuerzburg: Livraria Stahelian.

. **Nobbe, B., Denk, U., Poll, V., Rid, R., e Breitenbach. M. (2008).** O espetro da alergia a fungos. Arquivos Internacionais de Alergia e Imunologia. 145 (1): *58-86.*

. **O'Donnell, K. (1992).** Os espaçadores transcritos internos do ADN ribossómico são altamente divergentes no ascomicete fitopatogénico *Fusarium sambucinum* (*Gibberellapulicaris*). Current Genetics. 22:213-220.

. **O'Brien, H. E., Parrent, J. L., Jackson, J. A., Moncalvo, J. M., e Vilgalys, R. (2005).** Análise da comunidade fúngica por sequenciação em larga escala de amostras ambientais. Applied and environmental microbiology. 71(9): 5544-5550.

. **Ocasio-Morales, R. G., Tsopelas, P., e Harrington, T. C. (2007).** Origem de *Ceratocystis platani* em *Platanus orientalis nativo na* Grécia e seu impacto nas florestas naturais.Plant Disease.91(7): 901-904.

. **Panconesi, A. (1999).** Mancha de cancro do plátano: um perigo grave para as plantações urbanas na Europa. Journal ofPlant Pathology. 81:3-15.

. **Pandotra, V.R. (1966).** Notes on fungi of Jammu and Kashmir - 1. Actas da Academia Indiana de Ciências. 64 B: 68-73.

. **Paoletti, M., Buck, K.W., e Brasier, C.M. (2006).** Aquisição selectiva de novos tipos de acasalamento e genes de incompatibilidade vegetativa através da transferência de genes interespécies no eucariota invasor global *Ophiostoma novo-ulmi.* MolecularEcology. 15 (1): *249-262.*

. **Park, M. J., Cho, S. E., Piqtek, M., e Shin, H. D. (2016).** Primeiro relatório de oídio causado por *Erysiphe macleayae* em *Macleaya microcarpa* na Polónia. Mycological Progress. 15:4.

. **Parthasarathy, C.K. (1999).** Taxonomia avançada da classe dos fungos Deuteromycetes - Um novo sistema. Journal of mycology and plant pathology. 29 (2): 281.

. **Persoon, C. H. (1801).** Catalogus Plantarum Fungorum: detectarum foi elevado a uma listagem das espécies até chegar aqui, e nas nossas observâncias sinónimo de uma breve descrição, bem como a seleção. H. Dieterich.

- **Peterson, S. W. (1991)**. Análise filogenética de espécies de *Fusarium* utilizando a comparação de sequências de ARN ribossómico. Phytopathology. 81:1051-1054.

- **Piatek, M., Vanky, K., Mossebo, D. C., e Piatek, J. (2008)**. Doassansiopsis caldesiae sp. nov. e Doassansiopsis tomasii: dois notáveis fungos do carvão dos Camarões. Mycologia. 100 (4): 662- 672.

- **Prasad, S.S., e Verma, R. A. (1970)**. Um novo género de Moniliales da Índia. Indian Phytopathology. 23:111-113.

- **Qasba, G. N., Dar, G. N., e Shah, A. M. (1981)**. Duas doenças de plantas não registadas na Índia. Indian Phytopathology. 34(3): 390-392.

- **Rai, A. N. (1989)**. Uma nova espécie de *Stenella* da Índia. Mycological research. 93(3): 398-399.

- **Rai, A. N., e Kamal (1982)**. Uma nova espécie de *Pseudocercospora Speg*. Current Science. 51: 287-288.

- **Rai, A. N., Rai, B., e Kamal (1986)**. Uma nova espécie de MycovellosiellaRangel. Current Science. 55: 798-799.

- **Rai, A.N., e Rai, B. (1995)**. Dois novos hifomicetos da Índia. Investigação micológica. 99 (8): 1004-1006.

- **Rajbhandari, M., Wegner, U., Schoepke, T., Lindequist, U., e Mentel, R. (2003)**. Inhibitory effect of *Bergenia Iigulata* on influenza virus A. Die Pharmazie: an international journal of pharmaceutical sciences. 58(4): 268-271.

- **Rambold, G., Stadler, M., e Begerow, D. (2013)**. A micologia deve ser reconhecida como um campo da biologia ao nível dos olhos de outras disciplinas importantes - memorando. Mycologicalprogress. 12(3): 455-463.

- **Rao, N. K., e Manoharachary, C. (1988)**. Uma nova espécie de Pithomyces em folhagem de AP, Índia. Transacções da Sociedade Britânica de Micologia. 91(2): 349-352.

- **Riggs, W., e Mims, C. W. (2000)**. Ultra-estrutura do desenvolvimento de clamidósporos no fungo fitopatogénico *Thielaviopsis basicola*. Mycologia, 123-129.

- **Robbertse, B., e Tatusova, T. (2011)**. Recursos do genoma fúngico no NCBI.2(3): 142-160.
- **Rodriguez-Echeverria, S., Teixeira, H., Correia, M., Timoteo, S., gor⅛-^M=U=≡7)≡^≡b≡≡≡≡** comunidades de fungos micorrízicos da África tropical revelam forte estrutura ecológica. New Phytologist. 213(1): 380-390.
- **Rossman, A. Y., Crous, P. W., Hyde, K. D., Hawksworth, D. L., Aptroot, A., Bezerra, J. L., e Camporesi, E. (2015)**. Nomes recomendados para géneros pleomórficos em Dothideomycetes. IMA fungus. 6(2): 507-523.
- **Rost, Y.J., Ploch, S., Choi, C., Shin, H.D., Schilling, E., e Thines, M. (2010)**. A evolução da diversidade em *Albugo* é impulsionada pela elevada especificidade do hospedeiro e por múltiplos eventos de especiação em Brassicaceae estreitamente relacionadas. Molecularphylogenetics and evolution. 57(2): 812-820.
- **Saccardo, P. A. (1901)**. Sylloge Fungorum de todos os até agora conhecidos.
- **Sankaran, K.V., e Sutton, B.C. (1991)**. *Pseudocercosporella tetradeniae* sp. nov. em folhas de *Tetradenia* do Zimbabué. MycologicalResearch. 95 (8): 1013-1024.
- **Schewintz, A. (1822)**. Os príncipes da Estíria. Editora própria da Comissão Histórica das Terras. 17: 1421-1546.
- **Schoch, C. L., Seifert, K. A., Huhndorf, S., Robert, V., Spouge, J. L., Levesque, C. A., e Miller, A. N. (2012)**. Região do espaçador transcrito interno ribossómico nuclear (ITS) como marcador universal de código de barras de ADN para Fungi. Actas da Academia Nacional de Ciências. 109(16): 6241- 6246.
- **Sharma, C.D., Rai, A.N., e Vyas, K.M. (1995)**. Dois novos táxons de dematiáceas foliáceas de M.P. Indian Phytopathology. 48 (4): 412-418.
- **Sharma, I.M. (2010)**. Efeito antagónico de fungos associados a lesões de sarna da maçã no crescimento do seu agente patogénico *Venturia inaequalis*. Research Journal of Agricultural Sciences. 1: 245-248.

- **Sharma, R., e Kaushal, R.P. (2000)**. Identificação de genótipos de feijão-caupi com resistência horizontal a *Colletotrichum truncatum*, um agente patogénico da mancha foliar. Indian Phytopathology. 53 (2): 202- 205.

- **Singh, A., Bhalla, K., Dubey, R., e Singh, S.K. (2000)**. Adições a *Corynespora* da Índia. Journal of Indian Botanical Society. 79: 185-190.

- **Singh, A., Kharwar, R.N., Singh, R., e Kumar, S. (2014)**. Uma nova espécie de *Zasmidium* (Mycosphaerellaceae) da Índia. Sydowia. 66(2): 309-312.

- Sokal, R. R., e Sneath, P. H. (1963). Principles of numerical taxonomy (Princípios de taxonomia numérica). Princípios de taxonomia numérica.

- **Stearn, W. T. (1959)**. The background of Linnaeus's contributions to the nomenclature and methods of systematic biology. Systematic Zoology. 8(1): 4-22.

- **Subramanian, C. V. (1952)**. Fungi isolated and recorded from Indian soils. Journal of the Madras University B.22: 206-222.

- **Subramanian, C. V. (1983)**. Taxonomia e biologia de Hyphomycetes.

- **Subramanian, C. V., e Ramakrishnan, K. (1956)**. Ciliochorella Sydow, Plagionema Subram. e Ramakr., e Shanoria gen. nov. Transactions of the British Mycological Society. 39(3): 314- 318.

- **Subramanian, C. V., e Ramakrishnan, K. (1956)**. Lista de fungos indianos. EmkayPublications.

- **Subramanian, C.V. (1962)**. A classificação dos Hyphomycetes. Nelumbo. 4(1-4):249-259.

- **Subramanian, C.V. (1962a)**. The classification of the Hyphomycetes. Current Science. 31: 409- 411.

- **Subramanian, C.V. (1962b)**. A classificação deHyphomycetes. Boletim da Pesquisa Botânica da Índia. 4: 249-259.

- **Subramanian, C.V. (1965)**. Tipos de esporos na classificação de Hyphomycetes. Mycopathologia Et Mycologia Applicata. 26: 373384.

• **Subramanian, C.V. (1971)**. Hyphomycetes. An account oflndian species except Cercosporae. I.C.A.R. Nova Deli.

• **Sutton, B.C. (1973)**. Hyphomycetes de Manitoba e Saskatohewan, Canadá. Mycological Papers. 132: 143pp.

• **Sutton, B.C. (1974)**. Coelomicetos diversos em *Eucalyptus*. Nova Hedwigia. 25: 161-172.

• **Sutton, B.C. (1975)**. Coelomycete V. *Corymeum*. Mycological Papers. 138:224.pp.

• **Sutton, B.C. (1977)**. Coelomycete VI. Nomenclatura dos nomes genéricos propostos para Coelomycetes. C.M.I. Mycological Papers. 141: 1-253.

• **Sydow, H., Sydow, P., e Butler, E. (1916)**. Fungi Indiae Orientalis V. Annual Mycology.

• **Thakur, V.S., e Sharma, R.D. (1999)**. Apple scab and its management, diseases of horticultural crops. Diseases ofhorticultural

 crops and fruits, Indus publication co. NewDelhi.

• **Thines, M. (2014)**. Filogenia e evolução de oomicetos patogénicos de plantas - uma visão global. European Journal ofPlant Pathology. 138(3):431-447.

• **Thirumalachar, M.J., e Lacy, R.C. (1951)**. Notas sobre alguns fungos indianos I. Sydowia. 5:124- 128.

• **Tsopelas, P., e Angelopoulos, A. (2004)**. Primeiros relatos da doença da mancha de cancro em plátanos, causada por *Ceratocystis fimbriata* f. sp. *platani* na Grécia. Patologia Vegetal. 53:531.

• **Tsopelas, P., Harrington, T.C., Angelopoulos, A., e Soulioti, N. (2006)**. Doença da mancha de cancro do plátano oriental na Grécia. Páginas em: Proc. 12th Congr. Mediterr. Phytopathol. União. E. Tjamos e E Paplomatas eds. Ilha de Rodes, Grécia. 55-57.

• **Tubaki,K. (1957)**. Estudos biológicos e culturais

de três espécies de Protomyces. Mycologia. 49(1): 4454.

- **Tubaki, K., e Institue, N. (1958).** Estudos sobre os Hyphomycetes japoneses. Grupo de folhas e caules com uma discussão sobre a classificação de Hyphomycetes e os seus estádios perfeitos. Jornal Hattori Botanical
- **Tulasne, L. R. C. (1861-65).** *Seleta fungorum carpologia* 3.
- **Tulasne, L. R. C. (1863).** *Seleta fungorum carpologia.* 2: 1-319.
- **Tulasne, L. R., e Tulasne, C. (1861).** Cogumelos hipogéneos.
- **Tulasne, L. R., e Tulasne, C. (1862).** Fungos subterrâneos.
- **Uzun, Y., Demirel, K., Kaya, A., e Gucin, F. (2010).** Dois novos registos de géneros para a micota turca. Mycotaxon. 111(1): 477-480.
- **Van de Peer, Y., Chapelle, S., e De Wachter, R. (1996).** Um mapa quantitativo das taxas de substituição de nucleotídeos no rRNA bacteriano. Nucleic Acids Research. 24:3381-3391.
- **Van de Peer, Y., Jansen, J., De Rijk, J. e De Wachter, R. (1997).** Base de dados sobre a estrutura do ARN da pequena subunidade ribossómica. Nucleic Acids Research. 25:111-116.
- **Vaneechoutte, M., Rossau, R., Devos, P., Gillis, M., Janssens, D., Paepe, N., Derouck, A., Fiers, T., Claeys, G., e Kersters, K. (1992).** Identificação rápida de bactérias nas Comamonadaceae com análise de restrição do ADN ribossómico amplificado. FEMS Microbiology Letters. 93:227-234.
- **Verma, N. K., e Rai, A. N. (2014).** *Distocercospora indica,* um novo hifomiceto dematiáceo da Índia central. Mycotaxon. 127: 97101.
- **Verma, R.K., e Kamal (1999).** Algumas espécies novas e novas combinações de *Pseudocercospora* da Índia. Indian Phytopathology. 44: 440-447.
- **Von Arx, W.S. (1957).** Uma abordagem experimental de problemas em oceanografia física. Physics and Chemistry of the Earth. 2: 1-29.
- **Wagner, T., e Ryvarden, L. (2002).** Filogenia e taxonomia do género Phylloporia

(Hymenochaetales). Mycological progress. 1(1): 105-116.

- **Walker, W. F., e Doolittle, W. F. (1982).** Redividindo os basidiomicetos com base em sequências de rRNA 5S. Nature. 299:723724.
- **Walting, R., e Gregory, N.M. (1980).** Fungos maiores da Caxemira. Nova Hedwigia. 32: 494- 564.
- **Wang, J., e Lee, E. T. (2003).** Statistical methods for survival data analysis (Vol. 476). John Wiley and Sons.
- **Watling, R., e Abraham, S.P. (1992).** Ectomycorrhizal fungi of Kashmir forests. Mycorrhiza. 2: 81-87.
- **Weising, K., Nybom, H., Wolff, K., e Meyer, W. (1995).** DNA fingerprinting in plants and fungi. CRC Press, Inc., Boca Raton, Fla.
- **White, T., Bruns, T., Lee, S., e Taylor, J. (1990).** Amplificação e sequenciação direta de genes de ARN ribossómico de fungos para filogenética, PCRprotocols. Academic Press, Inc., Nova Iorque.
- **Yang, X., Richardson, P. A., Olson, H. A., e Hong, C. X. (2016).** Podridão da raiz e do caule da begónia causada por *Phytopythium helicoides* na Virgínia. European Journal ofPlant Pathology.146(4):715-727
- **Zhao, H. H., Xing, H. H., Liang, C., Yang, X. Y., Cho, S. E., e Shin, H. D. (2016).** Primeiro relatório de oídio causado por *Erysiphe cruciferarum* em repolho chinês na China. Plant Disease. 100(4):85

MIX
Papier aus verantwortungsvollen Quellen
Paper from responsible sources
FSC® C105338

Printed by Books on Demand GmbH, Norderstedt / Germany